国际时尚设计丛书·服装

时装设计元素：
造型与风格

创造一种风貌时尚或者形象

［英］ 杰奎琳·麦克阿瑟
克莱尔·边克利 著

袁 燕 秦 伟 胡 燕 译

中国纺织出版社

内 容 提 要

《时装设计元素：造型与风格》一书描述了时装造型风格的普遍规律，为读者提供了异常广泛的研究指导。书中精彩的研究案例独具国际化风格，在时装造型风格的表象、背景和发展方面都给读者提供了最为独特的观点。

原文书名：Basics Fashion Design: STYLING
原作者名：Jacqueline McAssey & Clare Buckley
Copyright © AVA Publishing SA 2011

著作权合同登记号：图字：01-2011-3135

图书在版编目（CIP）数据

时装设计元素：造型与风格／（英）麦克阿瑟，（英）边克利著；袁燕，秦伟，胡燕译. --北京：中国纺织出版社，2014.1
（国际时尚设计丛书. 服装）
ISBN 978-7-5064-9992-7

Ⅰ.①时… Ⅱ.①麦… ②边… ③袁… ④秦… ⑤胡… Ⅲ.①服装—设计 Ⅳ.①TS941.2

中国版本图书馆CIP数据核字（2013）第199603号

策划编辑：张 程 责任编辑：韩雪飞 特约编辑：刘丽娜
责任校对：余静雯 责任设计：何 建 责任印制：何 艳

中国纺织出版社出版发行
地址：北京市朝阳区百子湾东里A407号楼 邮政编码：100124
邮购电话：010—67004461 传真：010—87155801
http://www.c-textilep.com
E-mail: faxing@c-textilep.com
北京利丰雅高长城印刷有限公司印刷 各地新华书店经销
2014年1月第1版第1次印刷
开本：710×1000 1／16 印张：12
字数：84千字 定价：58.00元

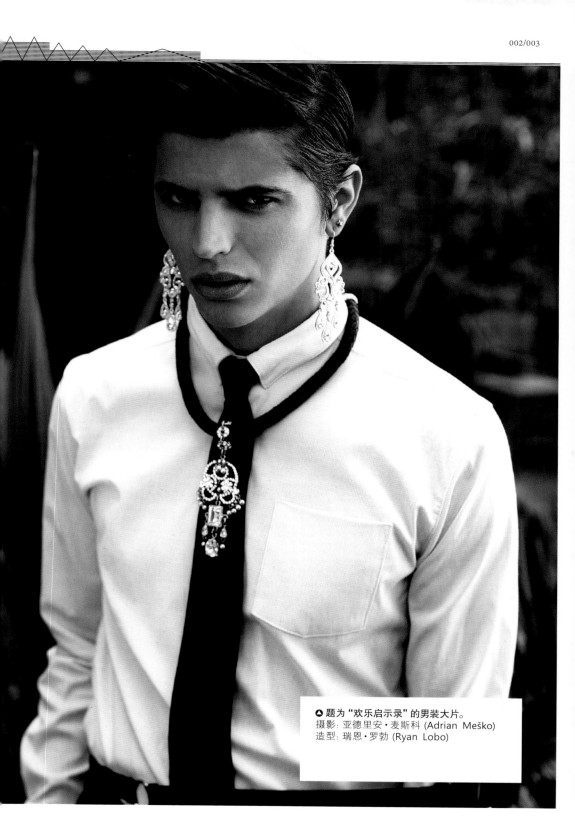

△ 题为"欢乐启示录"的男装大片。
摄影：亚德里安·麦斯科 (Adrian Meško)
造型：瑞恩·罗勃 (Ryan Lobo)

目　录

　　简言之，一名时尚造型师主要负责挑选造型的风貌和服装，再详细一点来讲，是传达一种时尚理念、趋势或者主题，或者为一个时尚产品做广告。本书正是为那些对时尚形象设计过程及造型师的工作感兴趣的人们撰写的。它将讲述为什么造型师会成为杂志、报纸或者广告大战中时尚形象的整合者，而且为什么近年来造型师会逐渐成为时装设计师和品牌的顾问。

　　你还将了解到这一工作的内涵，例如，为产品手册、静态形象或者时装展示进行造型设计以及不同类型造型设计所需的技巧：从零售店中进行的一对一的造型设计，到为音乐家和社会名流的造型设计，通过变换不同的装束进行个性化的造型。此外，本书还描述了造型师的日常生活，这将帮助你判断这个职业是否适合自己。

　　本书中包含了众多可以激发灵感的造型设计的形象化案例，既有出自专业造型师之手的，也有来自本科生的造型设计，同时还证明了一点：尽管资金有限，但只要有想象力和动力，依然可能创作出美丽而切题的作品。

▶ V 杂志中的时尚大片："让全世界的人们行动起来！"
摄影：威尔·戴维森 (Will Davidson)
造型：杰·玛萨克瑞特 (Jay Massacret)

▶ V 男士杂志中的时尚大片，在充满戏剧化
的风景中进行拍摄色调暗淡的男装。
摄影：威尔·戴维森 (Will Davidson)
造型：马蒂阿斯·卡尔森 (Mattias Karlsson)

从本质上讲，造型设计是一种对服装和配饰进行组合以促进其销售，并以最令人期待或最具吸引力的形式展示它们的方式。例如，选择配饰（腰带、鞋子和首饰）使其与一套服装相协调或作为补充。既可以进行单件时尚服装的造型设计，也可以成组展示色彩系列的方式来进行；可以使用模特，也可以不用。其造型设计过程包括在备选服装中挑选并试验以建立起完美的组合。

"我想将我的'发现'融入设计作品中，并且喜欢去像约翰·路易斯（John Lewis，英国伦敦最大的百货商店）的'男生部'，以获得一种非常棒的折中混搭效果。"

——梅拉尼·沃德(Melanie Ward)

造型设计溯源

　　第一批造型设计师是那些专门为时尚杂志工作的编辑们。他们实际上是在"编辑"服装和时尚页面，同时还会通过挑选设计师来彰显杂志的风格特色。在时尚编辑的最初指导中，真正需要解决的实质问题是处理好摄影过程中摄影师和模特之间的关系。的确如此，在20世纪60年代，模特为自己化妆并做发型是很平常的，而且她们还会带上自己的饰品，以备应对其他人的需求。到1980年代，第一批自由职业造型师出现了，他们为 *The Face* 和 *i-D* 这样具有全新主张的时尚杂志工作。这些杂志并没有固定的时尚类雇员，因此自由职业造型师可以将其非凡的创意理念应用于多种多样的出版物和客户。造型师成了时尚大片不可分割的重要组成部分以及影像制作过程中的关键人物，并且不会受到某一杂志或者某一种观点立场的束缚。

◀ *V* 杂志的时尚大片中，一对情侣服装的单色调与背景相协调。
摄影：威尔·戴维森 (Will Davidson)
造型：杰·玛萨克瑞特 (Jay Massacret)

造型设计的作用

造型设计师的工作主要是为报刊的时尚大片进行造型设计以及进行商业化的时尚造型设计，诸如广告。在时装秀和活动中，他们还可以作为私人造型师为特殊客户进行造型设计。造型师的称号也不尽相同：人们熟知的有穿衣顾问，在报刊中他们被称为时尚编辑和助理，在时装店中他们可以指那些私人导购员。

除了其操作性之外，造型师的观点显得更为重要，因为这些观点常常显露出他们对时尚的直觉感受。即便是一位刚刚出道的造型师，人们也不会仅从实践技能方面对其作出评判；他在每一件作品中所呈现出的创意、眼界和品位，都是再直接不过的证明。

挑战认知

造型设计师也可能会对时尚和风格的既定认识提出挑战，以使服装朝着一个全新的方向推进，许多单品都可以不完全按照设计师的设计初衷进行组合。在时装史上，这样的例子是较为罕见的，但现在却似乎司空见惯了：内衣外穿、女着男装、运动装被置于时尚氛围中。无论是协调一致的，还是充满艺术感的并置，在时尚造型设计中都是行得通的。

○ 运用色彩、文字和道具进行造型设计。
摄影：亚历克斯·赫斯特
（Alex Hurst）
造型：杰奎琳·麦克阿瑟
（Jacqueline McAssey）
▶ 时尚回首。
摄影：马库斯·帕尔姆奎斯特
（Marcus Palmqvist）
造型：艾伦·阿弗·吉耶斯特姆
（Ellen Af Geijerstam）

雷·佩特里

　　雷·佩特里 (Ray Petri,1948—1989),许多人都把他视为第一位造型师,他以"水牛"风格在1980年代为众人所知,那是一种集都市制服、民俗衣裙、运动装和高级时装于一体的史无前例的混搭。他在时尚摄影中用真人模特(包括黑人和混血儿)取代了假人模特,在当时看来,这是全新而令人兴奋的。佩特里在 *The Face* 杂志供职,并为设计师让·保罗·高蒂耶 (Jean Paul Gaultier) 和乔治·阿玛尼 (Giorgio Armani) 工作。和他一起工作的创意团队也被冠以"水牛"的名字,还出版了同名书籍。佩特里去世后20年,*GQ* 杂志的编辑迪伦·琼斯 (Dylan Jones) 曾经这样说过:"在造型师的时代,雷·佩特里仍然是无冕之王,所有人只能望其项背。"

　　译者注:*GQ* 是关于时尚、风格、时事及男人事物的杂志。每期提供世界知名设计师的最新时尚主张、精彩的小说、最新的趋势,报道顶尖运动员,刊登最炙手可热的女明星照片,介绍美食和最热门的旅游地点以及关于健康、健美塑身和性的建议。

　⊙ "水牛"风格的时尚大片,将运动装和印有灵感来源于克利斯·奥菲利(Chris Ofili)作品图案的服装混搭在一起。
摄影及造型:
丹尼尔·史密斯 (Danielle Smith)、萨利·皮克林 (Sally Pickering)和布蕾迪·麦肯 (Bridie McCann)

　⊙ 灵感来源于妮娜·雪莉(Neneh Cherry,瑞典全能女歌手)的时尚大片。
摄影: 西·米勒 (Si Miller)
造型: 伊芙·范伦 (Eve Fenlon)

造型师的工作特性完全取决于他们特定的服务领域。一些造型师会终其一生固守着一个领域，而另一些造型师则会游弋于不同形式的造型设计之间；一些造型师会长期为一份杂志、一个公司或工作室工作，另一些则会以自由职业者的身份工作。造型师对于一个主题投入的精力也存在着较大的差异。一位为报章杂志工作的造型师，因为有责任创作出与特定审美标准相一致的作品，所以会对主题有更多的控制力；而对于在广告宣传中工作的造型师来说，他只不过是一个大型团队中的组成部分，并且受制于客户或设计提案。这些不同的工作方式将会在第三部分中做进一步阐述。

　　造型师与摄影师都是拍摄团队中的重要成员，摄影的策划和制作也常常是造型师工作范围之内的事情。他们会寻找合适的场景、安排模特的角色分配、对拍摄方案进行指导，除此之外，还要在拍摄当天照顾模特。总体来说，造型师要确保整个进程进展顺利。以下就是对当今时尚行业中人人所期盼的造型师工作的一个基本介绍。

◐ ◐ 受到1967年的电影《白日美人》(Belle de Jour)及恋物癖的影响而创作的时尚大片。
摄影及造型：艾莉·诺布尔 (Ellie Noble)

时尚调研

　　一名时尚造型师应该关注一切与时尚相关的事物，包括具有决定因素的时尚潮流趋势。作为时尚编辑的造型师要观看纽约、伦敦、米兰和巴黎时装周上展示的每季系列设计。他们将会对这些系列设计进行分析，记录下关键廓型、色彩、印花图案及肌理纹样等，并运用这些信息制订出将会给读者带来灵感的重要服装流行趋势。流行趋势资讯会因出版物的不同而被演绎为不同版本的时尚故事。在故事创意的过程中，根据出版物及其读者群的不同，造型师会考虑故事的内容和基调、模特、拍摄场景的类型及服装的价位。

　　以商业化的项目运作方式工作的造型师应该具备对品牌和消费者的敏锐感知。一个广告通常会有严格的提案，造型师将会逐字逐句地按照提案执行。一旦时尚主题或广告提案被创意团队讨论通过并得以延伸，那么如何将其表现出来就是造型师的工作了。

　　此外，造型师应该采取多种不同的调研方法启发他们的工作，这可能包括在线观看艺术展并关注街头的流行样式以及到其他城市和文化中进行旅游探索。关于调研详见第二部分。

⬥ 路易·威登2011年春夏的设计。做相关的调研是很重要的，因为这样做可以使造型师以一种批判的眼光对每季的系列设计进行分析。
资料来源：Catwalking.com

采集素材

造型师肩负着为拍摄寻找服装、配饰和常用道具的任务，其中包括与公关代理公司和服装品牌联络，并根据拍摄的具体时间"调用"服装。你可以在线浏览服装，或者浏览设计师的样品图册，也可以在时装周之后拜访公关代理公司，观看陈列于展示间的设计师样衣。这常常是一项充满竞争的业务：那里只有为数不多的新款样衣，如果某一款已经被其他人选定的话，造型师就要做好准备接受另一款备选样衣（或者一无所获）！

造型师也会从专门的打折店或者收藏家那里收集古董服装，或者从服饰供应商那里获得某个时期的历史服装。造型师会与新锐设计师合作，他们会带来全新的或令人兴奋的时尚感。在寻找素材方面，没有一定之规，只要它们与项目相适应就可以了。

模特

与模特代理机构保持联络是造型师工作中的重要内容。造型师和摄影师将会从不同的代理机构查阅模特资料，并列出一系列适合的模特名单，随后造型师会检查其可用性。通常杂志或客户对模特的选用拥有最终决定权，看谁更适合时尚大片或者商业主题。

◑ 澳大利亚设计师爱丽丝·麦考尔 (Alice McCall)的样品图册。
摄影: 米洛斯·玛丽 (Milos Mali)
◐ *Guardian: Weekend* 杂志的专业模特阵容。
摄影: 伊兹拉·帕特切特 (Ezra Patchett)

服装

　　从服装交接到造型师手中的那一刻起，设计师、公关经理或零售商都希望造型师能好好看管它们。这意味着造型师在保养方面以及在拍摄期间都要很精心地保护好服装，以确保它们不会被彩妆弄脏、不会丢失——至关重要的是，还要把它们完好无损地归还回去。对于用来拍摄的任何服装，必须出示其设计师或品牌名称以及价格的证明。对于时尚大片的造型设计来说，这些是至关重要的，因为读者需要通过这些信息了解某一款特色服装的成本和库存情况。

◔ 一组时装挂架，每件服装上都附带着服装来源的明细。

◑ 造型师作品集图例。
造型: 凯特·吉尼 (Kate Geaney)

造型师的作品集

　　要想获得更多造型设计的工作机会，建构一本作品集并保持更新是尤为重要的，其中应该包含造型师非常优秀的作品。当拍摄结束，进入编辑或者修版的阶段时，摄影师通常只为造型师的作品集提供最终版本的图片。就时尚大片的作品而言，除了照片，杂志的撕页也可以出现在作品集中。

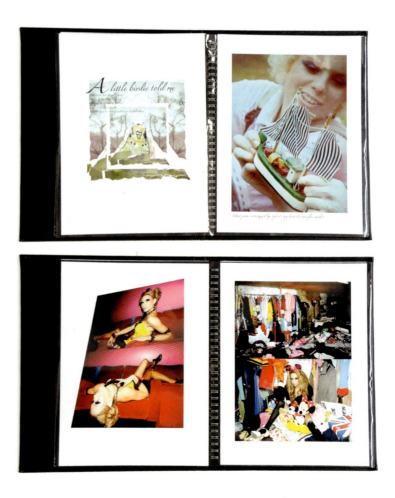

工作的方方面面

自由职业者

　　作为一名自由职业的造型师，工作是充满挑战的，诸如工作无规律、工作解除、没有假期和病假工资。从正面讲，以自由职业的身份工作可以有机会遇到新的合作伙伴，日复一日地为不同项目忙碌，而且会有更多机会旅行。好的造型师可以由代理机构代表自己去寻找工作，并向潜在的客户提交他们的作品集。代理机构帮助获取的每份工作，都会从造型师的报酬所得中提取一部分佣金。

经营管理

　　造型设计包含大量的案头工作：对借来的服装不断做记录；保留这些服装在何时、如何被派遣，是通过特快专递还是亲自传送的证明。对于自由职业的造型设计师而言，案头工作量会大幅增加；他们还必须提供所有开支名目的证明（如造型设计工作的发票）以及开具税务发票。

▶ 路易斯·哥登(Louise Goldin)2010年秋冬季的发布会（左）和格瑞姆·布莱克(Graeme Black)2009年秋冬季发布会（右）的后台。
摄影：贾斯汀·格里斯特 (Justine Grist)

生活方式

人们通常会忽略造型师在工作时面临的体力消耗。他们需要有超强的体能，将服装、铁架子或者熨斗从车上拖拽到工作室，然后再拖拽回去。在搭建拍摄现场的过程中，造型师是统领人物，而且常常会最后一个离开，同时要确保离开时拍摄现场整洁如初。如此高要求的、费时费力的工作会给造型师的家庭和社交生活带来较大影响。

顾问

如今的造型师扮演着越来越复杂的角色。一些造型师与时装设计师保持着密切的联系，并成为给设计进程和系列展示带来影响的重要因素。作为创意总监，他们运用独到的调研技巧与见闻启发新系列的设计，并对时装展示进行指导。总体而言，顾问工作所需的经验必须是从事专业造型设计一定年限后才会拥有的。

成为时尚造型师的传统途径是从记者工作开始的，他们以时尚编辑的身份报道流行趋势，并运用文字和视觉图像演绎时尚主题。然而，现在很多成名的造型师则是通过学习时装设计和其他创意学科而开始从事这个行业的，甚至有些人根本就没有任何时尚课程学习的经历。开启造型设计的职业生涯，没有一成不变和快捷的途径。做造型设计师的助手和学习造型设计的课程都很有益处，而且在这一阶段，你会发现这两种途径有其各自的优势。对于造型师的工作来说，变通能力也很重要，知道如何安排时间、与其他人沟通、作为团队中的一员去工作并解决问题，这些对于造型师的职业选择和个人发展来说都是很关键的。

"法国版*VOGUE*的编辑卡瑞娜·洛特菲尔德 (Carine Roitfeld) 不是从作家或管理者做起，而是从造型师做起的。"

——泰姆森·布朗查德 (Tamsin Blanchard)

○ *Harper's Bazaar*杂志的时尚大片。
摄影：乔纳斯·布雷斯南 (Jonas Bresnan)
造型：维尼萨·蔻耶尔 (Vanessa Coyle)

时尚造型师的职业生涯

⬧ *Guardian: Weekend*杂志拍摄现场的幕后镜头。
摄影：凯蒂·诺顿·摩根 (Katie Naunton Morgan)

造型师助理

步入造型设计行业的途径之一是做造型师的助理，既可以为专业造型师服务，也可以为一本杂志或报纸服务。通过这种方式学习业务是一种绝佳的途径，可以在工作的同时获得培训，这样可以使你具备更好的独立工作的能力。助理工作可以使你在付出努力、获得回报的同时，积累实践技巧。你还可能遇到其他对你的职业生涯有所帮助的创意人士，而且还有机会去旅行。无论如何，如果你决定进行时装或造型设计课程的学习，你当然毫无疑问地会以毕业生的身份从助理工作做起。

首先，你需要为某个能够为你增长阅历的人做助理，因为这是一个充满竞争的领域，所以，你应该明白这本身就是最困难的部分。你将会与成百上千正在寻找工作经历的造型设计专业的毕业生一起竞争，而且他们还会带着以前曾经参与完成的作品集。如果你足够幸运的话，可以为一位自由职业的造型师做助理，他们的工作模式很无规律，重要的是，只要他们开始工作，你就必须工作。他们通常会有连续工作的时段（包括周末或夜晚），而其他时段则不会那么忙。作为一名助理，你的薪酬也许会时断时续或者根本就没有。当你准备投身于这个行业时，你通常并不是为了赚钱，而是因为你热爱所从事的事业。

你所学到的与众不同的执行方式、人际交往的技巧，当然还有运气的因素，这些都将决定你在创意行业中的成功之路究竟能走多远。人际交往固然很重要，但是这并不意味着你只跟你认为重要的人物交谈。你随处都可能会遇见与你志趣相投的人：在展会上、时装秀或者聚会中，做一个易于接近、善于倾听人们谈论他们自己及其工作的人。你与你的才能是否会被人们记住并获得聘用机会，归根结底取决于你是如何与人合作和打交道的。

时尚教育

对于很多人来说，选择接受时尚教育是进入这个行业的第一步。形象化是大多数时尚课程的核心内容，许多课程都把时尚造型作为整个课程体系的一部分来教授。造型设计既可以作为独立学科，也可以作为设计或者市场营销等课程的一部分进行初级教育。如果你认为把造型设计作为一门专业来学习是你最好的出路，你就必须为自己做调研，包括涉及的专门学科和重要技能。许多与造型设计相关的课程可以提供理论学习，例如市场营销及业务或者文化及语境短评。

接受时尚教育的好处是显而易见的，较高层次的教育可以支持你去尝试更深入的调研，去试验和检验你的创意。此外，你还有充足的空间与专业的设备，可以以此实现你的作品。更重要的是，你将有机会与诸如摄影、设计与插画专业的伙伴们进行跨课程的合作。完善的时尚课程也会通过邀请企业发言人并与企业建立相关课题来拓展学生的应聘能力，这种能力将会使你对造型设计行业的真实一面有深入的体察。

◐ ◑ 题为 "*Deuil Aveu*" 的时尚大片，
其意为 "清晨的忏悔"。
摄影：杰玛·劳耶勒 (Jemma Rylah)
造型：克劳耶·阿莫尔 (Chloë Amer)

时尚造型设计

　　将时尚造型设计作为专业来学习，将会使你对实践技艺进行更深层次的探索，甚至会使你专注于某一领域的造型设计，例如新闻报道或商业化的造型设计。对这两者都感兴趣的学生，可以把化妆作为补充课程进行学习。

时装设计

　　对于一位时尚造型师来说，设计并制作时装及系列产品也是值得学习的。时装设计专业的毕业生具备服装结构的知识，并对服装如何合体有所研究；他们可以很好地处理面料，并具有良好的缝制技艺。作为一名造型师，学习时装设计意味着你可以为你自己的拍摄设计服装。

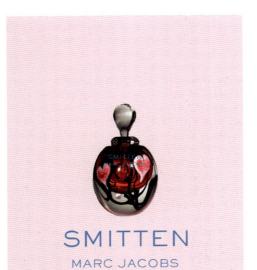

时尚记者

如果你想为印刷品、网络（网页和博客）或者电视、电影等媒体撰写文章和特色专题、组织专访并进行时尚造型，那么这个路线就最适合你了。你需要以非常好的文笔在这类课程中占有一席之地。

时尚表达、影像处理、推广及市场营销

这些课程内容因学校的不同而存在较大的差异，但是总体来说，它们会教你如何以视觉和文字的传达方式来表达，诸如生成一本杂志概念或推广一个产品或服务之类的创意。这些课程常常与其他学科相辅相成，例如公关、平面设计、流行趋势预测、视觉营销等，来教授商业化造型设计和新闻报道类型的造型设计。如果你想对时尚有一个大致的了解而不是关注时装设计本身，那么这些课程都是不错的选择。

BANANAMAN

MARC JACOBS

THE NEW FRAGRANCE FOR MEN

BANANAMARCJACOBS.COM

摄影

如果你想成为一名时尚造型师，那么学习使用照相机的技术及与摄影相关的各方面技术（如布光）都是非常有益的。如果你还不能确定你将会从事哪一行，那么选择一种既包含造型设计又包括摄影技术的课程将会对你有所帮助。

戏剧服装

这是一条更加专业化的路线，如果你对电影、电视或者舞台感兴趣的话，这无疑是一个很好的选择。戏剧服装课程包含服装结构的内容，常常会与诸如紧身胸衣和量体定制等传统工艺融为一体。

▶ "摧毁"，一则马克·雅克布斯 (Marc Jacobs)的香水广告。
造型: 萨利·皮克林 (Sally Pickering)
摄影: 戴夫·斯科菲尔德 (Dave Schofield)

◀ "香蕉人"，另一则马克·雅克布斯的香水广告。
造型及摄影: 阿雅莎·基利 (Ayesha Kiely)

克里斯托弗·沙农 (Christopher Shannon)

克里斯托弗·沙农是一位男装设计师。他在2008年创建自己的品牌。

你在日常工作中是如何与造型师进行联络的？

从学校毕业以后，我从做设计师助理开始我的事业，随后转行做造型师，大多数情况是为流行音乐视频和商品促销摄影以及少量的报刊做造型设计。因此，我真切地了解他们是如何工作的、在工作中都做什么。自从建立起自己的品牌以后，我就和很多造型师建立了联系。有些造型师只是想从系列设计中借一些样衣为他们自己的拍摄所用，或者通过我们来为音乐视频订制特别的单品，而我们只做我们真正想做的那些。就我的T台展示而言，我和一些适合我的造型师合作，而且我们会讨论所有的样衣和模特以及如何选用配饰，然后也会讨论音乐和灯光。当他们明白了我想要达到的效果时，制作一些可以向新的方向推进的共鸣板（用于试探意见）会有很好的效果。我将会和某造型师合作完成样品画册的拍摄，并在T台展示过的服装中加入新鲜的成分。我喜欢那些在合作过程中可以扮演顾问角色、带一些资料来给我看或者和我一起拓展调研的造型师。

造型师是如何对你或你的工作产生影响的？

对于这个问题可以有多种不同的理解，这实在是要依不同的造型师而定。一些造型师只能达到基本水平，而另一些造型师则会从非常尖锐的视角进行表现，包括担任艺术总监并扮演顾问的角色，这些事会让工作变得越来越有趣。当你喜欢一位造型师的作品，而后起用他为你的单品进行造型设计并为你带来一种新鲜的诠释时，这种感觉是很棒的。有时，他可以使你以一种全新的方式审视自己的作品。

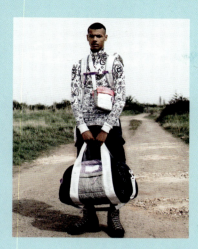

你认为，谁是最具有影响力的造型师？

对我来说，在我真正意识到何为造型师以前，我所关注的第一位造型师是朱迪·布莱姆(Judy Blame)。当我还是个小孩子时，朱迪就已经和妮娜·雪莉(Neneh Cherry)、比约克(Bjork)等大批音乐家合作了；而且，他为 *The Face* 和 *i-D* 杂志设计过非常迷人的时尚大片。他在他的摄影及与让·巴布提斯·蒙迪诺（Jean-Babtiste Mondino，法国狂想派时尚摄影师）一起合作的作品中使用了大量珠宝，后者也是我非常喜欢的一位大师。朱迪曾经告诉我说，当你在看一张图片时，"你应该先看到人，再感受到摄影技术，然后才是穿戴"，我想这是一个很不错的方法。还有让·保罗·高德(Jean Paul Goude)这样的造型师也会有很多有趣的设计，同时他还担任艺术总监，与夏奈尔(Chanel)和格雷斯·琼斯(Grace Jones)都有过非常棒的合作。男装造型师约翰·考尔沃(John Colver)也不错（我与他在我的发布会上合作过），他的评论文章具有极高的时尚敏感度，他知道与他合作的摄影师都是最棒的。

在你看来，成功的造型师应该具备哪些素质？

这是比较微妙的，要视不同的情况而定。我认为，造型师是将多重身份集于一身的核心人物，他是伟大的传播者，同时还应具有鲜明的个人视角。我认为，他应该能很好地控制自我中心主义，去看看更棒的图片，这是制作好作品的最佳途径。

这里展示的图片来自于克里斯托弗·沙农2010年秋冬的样品画册，由克里斯托弗·沙农担任艺术总监、斯科特·特林德尔(Scott Trindle)摄影、约翰·考尔沃设计造型。

德伯哈·卡特莱特 (Deborah Cartwright)

德伯哈·卡特莱特, 伦敦IPR
公司的经营总监。IPR公司
是一家公共关系公司。

时尚公关人员都做些什么?

　　时尚公关人员是游走于设计师、品牌与媒体之间的人。他们必须以自己的创造力来使时尚品牌在媒体中保持良好的状态。一些设计师非常引人注目并具有新闻价值,因此他们仅需要最新的发布会就能够获得新闻媒体的青睐。而一些大型的和更商业化的品牌则需要在市场营销策略方面不断推陈出新,以此来获得媒体的关注,有时,这就是时尚公关人员的工作。因此,具有良好的市场感觉和层出不穷的创意理念将会在媒体大战中胜出。我们也与很多"当红的"社会名流和音乐人合作,为他们进行装扮,为的是可以在随后的"衣着大奖"中获得报道。"衣着大奖"随处可见,这种报道对于品牌和社会名流而言都是很棒的,有些名人仅仅因为穿了一条牛仔裤就能够获得媒体的更多曝光。

时尚周期是如何运转的?

　　一个时尚年度可以被划分为两季:秋冬季和春夏季。每季的新品发布会都将先后在贸易展会和时装周上推出。因此,秋冬季通常会在1月份的贸易展会上推出,随后,从2月份开始,时装周依次在纽约、伦敦、米兰和巴黎举行。春夏季的贸易展会在7月份举行,时装周则从9月份开始。这是一个周而复始的周期,而且似乎永远不会停止运转。

造型师该如何适应这种周期呢?

首先，媒体人士（造型师和时尚撰稿人）在时装周或贸易展会上观看发布会，有时在新闻发布会之后还会举办一些私人展示。在那里，我们会与众多品牌和系列产品一起搭建展厅，并将媒体邀请过来进行近距离的观赏，这时是与媒体接触的绝佳时机。大多数时尚杂志，例如 Vogue、GQ，会提前四个月着手，因此对于秋冬系列而言，我们会在4月份安排与媒体的接见日。媒体人士会来观看系列产品，并特别指出他们已经纳入拍摄计划的单品。因此，你在9月份的杂志上（这里主要指的是秋冬季发布会的开季期刊）看到的时尚大片应该是在5月份或6月份拍摄的。

我们也与媒体人士保持整季的合作，他们到展示间拜访，并为时尚大片或商品促销的静态页面挑选、拍摄单品服装。对于报纸和杂志周刊中的短篇时尚报道，则会在一季中的稍晚些时间进行拍摄，并且以一种快速浏览的形式进行报道。

新闻媒体既可以到展示间来挑选产品，也可以对照着样品画册来挑选样品。有时，对于那些声望更高的出版社，你不得不给予样衣使用的优先权。例如，如果一家较小型的杂志订购了一件样衣，而同时 Vogue 也想要这件样衣，很显然，你就不得不把它让给 Vogue。

我们也约见媒体，与之商议我们每一季将要做的事情，同时提出采访理念及特别的专题。假如一个品牌围绕某一特定主题制作广告，你就知道他们会拍摄一定数量的单品，以期在广告投入方面有较好的回报。这样一来，如果一个品牌在全季中都以"优雅"为主题登载八页广告，那么就必须通过一定量的、所谓的"广告大片"来诠释这个品牌的"优雅"主题。

WARM LEATHERETT

Chloé

BARE+BRAZEN

KNOTTED
AND TIED

COMING
UNDONE

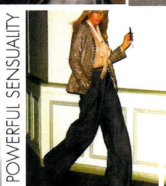

Chloé

POWERFUL SENSUALITY

PRADA
MILANO

MODER

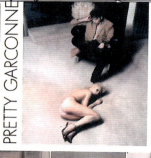

PRETTY GARCONNE

THE 'BAD' GOOD GIRL

CHIFFON+SILK
AGAINST
METAL+LEATHER

CORAL
ACCENTS

◀ 包含时尚广告、摄影、电影元素在内的视觉探究，由艾莉·诺布尔制作。

SIC

时尚调研与视觉文化有着密切的联系，包含有众多学科，学生应该就多种多样的主题尝试各种不同层次的调研。其中有两类调研：一手资料的调研和二手资料的调研。一手资料是原始的、并未被创建的素材，你需要运用摄影、绘画或者采访来记录的与目标范畴相关的第一手资料。二手资料是指已经由其他人创建的素材，包括书籍、网络、杂志、新闻、期刊、报道以及摄影、明信片、海报等其他类别的印刷素材。运用这两类调研将会获得许多与你的主题及相关领域有关的图片，这些资料会把你的工作向着创新的方向推进。

◗ 由克莱尔·巴克利制作的一系列艺术品参考素材的探究。
摄影：戴夫·斯科菲尔德 (Dave Schofield)

"渐渐地，造型师成为时装设计师关注世界的眼睛和耳朵，他们的秘密武器是出没于街头，探寻有趣的参考素材，它可能是一件古董衣裙的领子或者一位令人费解的艺术家的专著。"

——泰姆森·布朗查德
(Tamsin Blanchard)

REALLY LOVE THIS IMAGE - SIMPLE & ELEGANT.

Couture

DETAILED FULL BODIED TAILORED

Christian Dior early years...

I CHOSE TO LOOK AT THESE PARTICULAR DESIGNS BECAUSE THEY ARE FULL OF MOVEMENT AND COLOUR AND IMAGINATIVE. I LIKED ITEM AND THE DESIGNS ARE SO BEAUTIFUL AND FULL OF DETAIL AND PERFECTION THAT I YOU RUMORS BEN WOULDN'T WANT TO TOUCH THEM.

ELEGANT, COLOURFUL, FULL SHILOETTE, SHAMEFUL

THESE IMAGES ARE FROM A BOOK I BOUGHT IN 2000 FROM THE V&A A THESE IMAGES ARE FULL OF COLOUR AND EXTRAVAGANT DETAIL

CHRISTIAN DIOR-1951.

WARM ELEGANT COLOUR PALLET

BEAUTIFUL DESIGN WHICH FOLLOWS ON IDEALS AND WARM FEMININE COLOURS

Dior

Harrod's

Christian Dior

THE MOST INFLUENTIAL DESIGNER OF THE 1940s AND 1950s. DIOR (1905-1957) DOMINATED FASHION AFTER WORLD WAR II WITH THE HOURGLASS SILHOUETTE OF HIS VOLUPTOUS 'NEW LOOK'.

THE FIRST DIOR COUTURE SHOW WAS SCHEDULED FOR 12 FEBRUARY 1947. DIOR CREATE ELABORATE CLOTHING THAT SHOCKED ALL HIS VIEWERS. THE CLOTHES WHERE THEN WANTED BY WOMEN BECAUSE OF THE UNUSUAL SHAPES AND FABRICS USED.

CHRISTIAN DIOR

提高时尚意识

时尚拥有漫长而充满细节的历史，而且对于这一行的从业者，尤其是在设计和造型设计领域工作的人来说，掌握时尚历史是必需的，至少要对那些曾经改变并塑造人们衣装的重要设计师有充分的认识。在人们眼中，造型师一直做着与创新和原创密切相关的创造性工作，因此必须对先前已创造出来的形象耳熟能详。同时，还需要考虑时尚的缘起，了解经济与社会变革如何对设计和时尚的生产带来影响，例如了解第二次世界大战中的朴素风貌以及随之而来的由克里斯汀·迪奥在1947年推出的奢华的"新风貌"样式。

若想对时尚敏感起来，需要你对行业内的各个层面进行调研，从高级女装到高街服装。查阅时尚广告、视觉营销、时尚潮流页面、街头样式、时尚文章、访谈、贸易报道和流行趋势杂志，都会使你增加对该领域的全方位认识。

◑ 该调研手册探究了克里斯汀·迪奥(Christian Dior)的作品。由霍雷·朗赫斯特(Holly Longhurst)制作。

西蒙·福克斯顿

西蒙·福克斯顿(Simon Foxton)，具备时装设计的知识背景，以其幽默的、受到街头风貌影响而将运动装和定制服装相结合的男装造型而闻名。他还曾担任*Fantastic Man*杂志的时尚总监、*i-D*杂志的时尚顾问指导。并在*Arena Homme Plus*、*Vogue Homme*和*POP*杂志中撰写时尚故事。福克斯顿与尼克·奈特(Nick Knight)就李维斯(Levi's)品牌的广告大片进行了史无前例的合作，该广告大片的特别之处在于以真实的"年已耄耋的牧场主"作为模特。他还以题为"当你还是个男孩"的造型设计参加了2009年的"摄影师画展"，并成为展览的焦点。

左图为*10 Men*拍摄的时尚大片。由威尔·戴维森摄影，西蒙·福克斯顿设计造型。

造型偶像

　　有许多时尚名人的经久不衰的形象会集中体现某位设计师的视角，或者反映出其特定时期的情绪或情感，想想看：头戴著名箱型帽子的第一夫人——杰奎琳·肯尼迪，那是由奥里格·卡斯尼(Oleg Cassini)设计的，或是比安卡·贾格尔(Bianca Jagger)与迈克(Mick)结婚时所穿着的由伊夫·圣·洛朗设计的婚纱和蒙着面纱的软帽。这些时尚偶像仍然不断成为当今设计师和造型师的参考对象。去查阅个性化样式所蕴含的意义吧，了解为什么偶像人物在1930年代或1960年代所穿着的裙子样式在当今还会流行。请参看右侧列出的过去和现在从时尚界、艺术界、音乐界到演艺界的重要时尚偶像人物，他们可以作为你的时尚造型调研内容中的一部分。

重要的时尚偶像

布朗迪(Blondie)，格雷斯·琼斯(Grace Jones)，伊莎贝勒·布洛(Isabella Blow,造型师)，可可·夏奈尔(Coco Chanel)，约瑟芬·贝克(Josephine Baker)，珍妮·伯金(Jane Birkin)，杰奎琳·肯尼迪(Jackie Kennedy)，克洛耶·塞维尼(Chloö Sevigny)，凯特·莫斯(Kate Moss)，比安卡·贾格尔(Bianca Jaggel)，劳伦·霍顿(Lauren Hutton)，卡米尔·比道尔特-瓦丁顿(Camille Bidault-Waddington, 造型师)，戴安娜·弗里兰(Diana Vreeland, 时尚编辑)，玛丽·海尔文(Marie Helvin)，帕洛玛·毕加索(Paloma Picasso)，比约克(Bjork)，华莱士·辛普森(Wallace Simpson)，卡琳·洛菲德(Carine Roitfeld,时尚编辑)，安妮塔·帕里博格(Anita Pallenberg)，戴安娜王妃(Princess Diana)，夏洛特·兰普林(Charlotte Rampling)，玛琳·黛德丽(Marlene Dietrich)，妮娜·雪莉(Neneh Cherry)，凯瑟琳·德纳芙(Catherine Deneuve)，玛丽安娜·菲斯弗(Marianne Faithful)，麦当娜(Madonna)，安妮·伦诺克斯(Annie Lennox)，珍·诗琳普顿(Jean Shrimpton)，朱莉·克里斯蒂(Julie Christie)，南希·库纳德(Nancy Cunard)，黛安·基顿(Diane Keaton)，弗朗西斯·哈代(Françoise Hardy)，奥黛莉·赫本(Audrey Hepburn)，史蒂威·尼克斯(Stevie Nicks)，戴安娜·罗斯(Diana Ross)，法拉·弗希特(Farrah Fawcett)，罗密·施奈德(Romy Schneider)，玛丽莲·梦露(Marilyn Monroe)，格蕾丝·凯莉(Grace Kelly)，杰瑞·霍尔(Jerry Hall)，凯瑟琳·赫本(Katharine Hepburn)，伊迪·塞奇威克(Edie Sedgwick)，琼·克劳馥(Joan Crawford)，碧姬·芭铎(Brigitte Bardot)，安娜·皮亚姬(Anna Piaggi)，雪儿(Cher)，维维安·韦斯特伍德(Vivienne Westwood)，玛丽亚·卡拉斯(Maria Callas)，索菲亚·罗兰(Sophia Loren)，琼·考琳斯(Joan Collins)。

加里·格兰特(Cary Grant)，大卫·鲍伊(David Bowie)，阿兰·德龙(Alain Delon)，大卫·贝克汉姆(David Beckham)，昆汀·克里斯(Quentin Crisp)，汉弗莱·鲍嘉(Humphrey Bogart)，坎耶·维斯特(Kanye West)，鲁道夫·瓦伦蒂诺(Rudolph Valentino)，詹姆斯·迪恩(James Dean)，史蒂夫·麦奎因(Steve McQueen)，马文·盖伊(Marvin Gaye)，塞尔日·甘斯布(Serge Gainsbourg)，詹姆斯·邦德(James Bond)，弗雷迪·墨丘利(Freddie Mercury)，鲍勃·马瑞(Bob Marley)，吉姆·莫里森(Jim Morrison)，埃尔维斯·普莱斯利(Elvis Presley)，安迪·沃霍尔(Andy Warhol)，伊恩·布朗(Ian Brown)，阿德里安·布罗迪(Adrien Brody)，查尔斯王子(Prince Charles)，布莱恩·费瑞(Bryan Ferry)，甲壳虫乐队(The Beatles)，塞缪尔·L.杰克逊(Samuel L Jackson)，迈克尔·杰克逊(Michael Jackson)，汤姆·福特(Tom Ford)，约翰尼·德普(Johnny Depp)，法瑞尔·威廉姆斯(Pharrell Williams)，路·瑞德(Lou Reed)，乔治男孩(Boy George)，卡尔·拉格菲尔德(Karl Lagerfeld)，保罗·韦勒(Paul Weller)，席德·威瑟斯(Sid Vicious)，吉米·亨德里克斯(Jimmy Hendrix)，鲍勃·迪伦(Bob Dylan)，马尔科姆·麦克拉伦(Malcolm McLaren)。

街头时尚

运用街头时尚图片作为调研工具，可以看到世界各地的服装究竟有多大的差异。可以在专属网页、博客和杂志中找到街头时尚的图片。造型设计与服装和配饰的组合搭配相关，这些图片可以说明人们是如何通过组合搭配和个性化的服装设计来诠释时尚的。你也可以拍摄你认为有趣的那些街头时尚样式，它们都可能成为有用的一手资料。

◑ 从Stylesight.com网站中挑选出来的街头时尚照片。

◐ 时尚偶像杰瑞·霍尔的三维立体贴图。
摄影：戴夫·斯科菲尔德 (Dave Schofield)
造型：杰西卡·德 (Jessica Day)

○ *Russh*杂志的时尚大片。
摄影：威尔·戴维森
造型：史蒂夫·德昂斯 (Stevie Dance)

○ 时尚电影*La Vitesse et la Pierre*中
的剧照。
马库斯·帕尔姆奎斯特、弗洛德·弗耶
丁斯泰德 (Frode Fjerdingstad)和伊格
尔·齐默尔曼 (Igor Zimmerman)制作

▶ "舞者"。威尔·戴维森的个人项目。
摄影：威尔·戴维森 (Will Davidson)

时尚语汇

时尚细节是通过色彩、廓型、材料和图案的使用来得以识别的。因此，对于造型师而言，能够辨识和描述许多不同样式的服装、饰品及服装的不同部位是很重要的。这样的辨识术语包括：面料种类（开司米、平纹单面针织布、雪纺），印花（烂花印花、数码印花、丝网印花），袖子（灯笼袖、钟型袖、插肩袖），领子（彼德·潘领、领尖带扣的领子、平领），裤子（瘦腿裤、睡裤、裙裤），配饰（穆斯林头巾、猎鹿帽或者硬草帽）或者廓型（帝政样式高腰线、梯形、娃娃装）。当你需要为所拍照片配文字说明或者时尚评论时，正确使用这些术语是至关重要的。

很好地掌握色彩知识也同样重要。时尚周期快速地运转着，铁青色变成了品蓝色，又转变为钴蓝色，因此，对于造型师和时尚撰稿人来说，正确使用相应的色彩非常重要。可以通过调研和体验相结合的方式积累时尚知识，但对于一个造型师而言，这些基础的时尚语汇应该是必备的。

你是否考虑过，穿着一身时髦的套装或者牛仔服和T恤能使你表达什么吗？服装具有它自身的语言，它可以传达出社会阶层、性别、财富和职业。了解服装的功能，了解它在社会中所蕴含的寓意、地位及其与社会群体的关联性，是时尚和造型设计调研有趣的一面。许多潮流源自于某一特定的社会群体或者"部落"（例如泰迪男孩和哥特）的风貌。不同群体可以通过其特有的服装样式、发型和妆型来进行区分，许多社交服饰的模式彼此交叉，而且现在已经为主流时尚所认可。例如牛仔服装(牛仔裤、衬衫、夹克)，最初是作为功能性的工作服穿着的，大约一个世纪之后，当牛仔、1950年代的反叛青少年和1970年代的嬉皮士等不同族群穿着之后就被人们普遍接受了。黑色的机车夹克则成了反体制的"地狱天使"帮的主要装束。这些形式的服装，因其象征强健和阳刚的曲线，现在已经成为日常的样式，不会再不合时宜地出现在时尚杂志中的"机车时尚"标题下了。

◄ 由康萨尔瓦·波莱克夏(Consalvo Pellecchia)制作的解构牛仔装项目。
造型: 杰奎琳·麦克阿瑟 (Jacqueline McAssey)
摄影: 亚历克斯·赫斯特 (Alex Hurst)
► *Wallpaper*杂志中的男式蓝色牛仔裤的报道。
摄影: 斯科特·特林德尔 (Scott Trindle)
造型: 塞巴斯蒂安·卡里瓦兹 (Sébastien Clivaz)
拼贴: 博优 (Boyo) 工作室

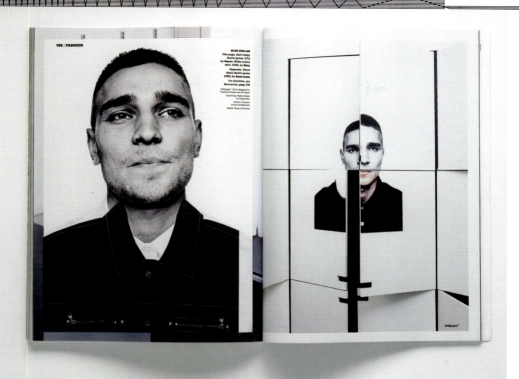

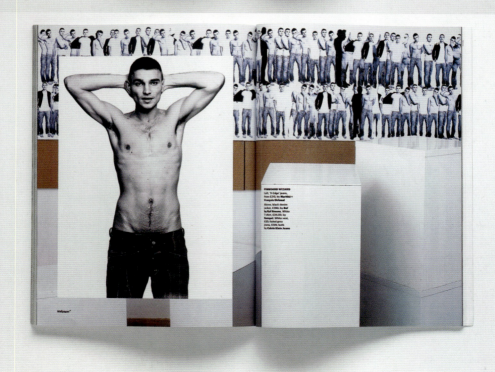

背景研究对你之所以重要，有以下三点原因：首先，可以提高对图片的作用进行批判性分析的能力，并尽可能多地增加你的实践体验；其次，你能够去了解在这一背景下所发生的事情，并学着使自己的工作与此相适应；第三，你可以得到对工作有用的形象化和智能化的刺激。背景可以指一切对你有所帮助的视觉或文字的素材，包括艺术史和设计史、电影、电视、哲学、文学和文化方面的理论，同时还可以通过讨论和写作发展你的评判能力。

◑ 由史蒂夫·泰瑞 (Steve Terry) 搜集的视觉调研资料。

▶ 从高级女装获取灵感的时尚大片。
摄影：马克·普雷斯科特 (Mark Prescott)
造型：泰里·丹特 (Terri Dent)

批判分析

　　能够很好地理解图片的作用，而且能够明确有力地表达出来，这是很重要的。例如，你需要理解如何把某种色彩或肌理的使用转译成一种摄影语言，或者诸如灯光、布景和模特的肢体语言会对摄影带来怎样的影响，如果这些事物发生细微变化的话，会对拍摄带来怎样的影响？对这些图片（而非自己拍的照片）进行批判分析，其目的在于你能够提升这些技能并运用它们来评价你自己的作品，这将是非常有用的。最终，这种能力会成为你创作实践中的一种本能和非常可贵的内容。

snot @ great angle

mystery / un-known / ideas left

collar - layed aer at fir different way

wedding placed aer floor with bandages

I want to cover the model's face to make the idea of the unknown and the unknown nurse much stronger. I think the image and the concept would be much more stronger with the model's face not known or seen.

Maison Martin Margiela

The effect of the lighting hitting the naked rights on the face is amazing. It's a whole new take on headgear - literally.

语境

你的工作是通过图片进行信息传达，要想获得有效的结果，你就需要很好地了解不同语境中的人们会怎样理解它。对调研技巧有更深入的理解必不可少，例如去图书馆查阅、向所有领域的专家进行咨询以及通过网络查找相关资料。

灵感

你将能通过查阅各种各样的图片和文献来激发你的领悟力和创造力，它们可能会远远超出你个人的兴趣所在，还可能会有一些你根本料想不到的开销。在你的职业生涯中，能够对全新的和充满挑战的素材始终保持关注很重要，这样既可以确保你的工作能够获得更多灵感，同时也会令人倍受鼓舞。

◐ 探究与制服和身份相关的创意时尚大片。
造型：阿什利·夏普曼 (Ashleigh Chapman)
摄影：查瑞斯·埃尔默 (Charys Ellmer)

◐ 设计师手稿图册，说明护士制服的调研和定制。由阿什利·夏普曼制作。

时尚参照是一个专业术语，是指造型师为一项造型设计寻找灵感而准备的所有相关元素。时尚就其本质而言，意味着某一事物在一季中流行而在下一季就被淘汰了。正因为如此，接下来出现的趋势总会与造型师的工作产生必然的联系，尤其是在时尚报道方面。这是很易于理解的。因此，学生会在完成自己的造型设计项目时，参照设计师的系列设计和时尚杂志。然而，如果所有的造型师都如同奴隶一般，一季一季地盲从于潮流，这也是不对的。无论身处何处，造型师都会下意识地吸取创意，而且常常会受到很多显而易见或者不和谐事物的启发。灵感可以来自于视觉化的素材，例如建筑、艺术或者电影，也可能来自于故事或者哲学，例如美学理论。造型师的作品常常会使人看到与个性化教育和个人记忆相关的参考信息：从某些不相干的系列设计中寻找内在联系、形成主题并拓展造型创意，是一个具有创造力和充满意义的过程。

　　可以用多种不同的方式对时尚参照的素材进行拼贴。创建情绪基调板和手稿图册是常用的同时也是很有用的方法，它们可以达成你的作品并传达你的思想。还可以在电脑中通过数字化的方式进行编辑，或者在工作间的墙面上编排那些具有美感的图片。

◖ 由凯特·吉尼制作的围绕记忆主题的静态摄影。

◗ 为了启发造型创意而对时尚参照的素材进行搜集与分析。由艾莉·诺布尔制作。

"随后，一个星期之后，他送给我这张小孩子从火灾现场劫后逃生的照片——我想那是1950年代发生的事情——并且说，他真地很高兴她能逃离，而且是全裸的。这样，我们就以两个特技替身演员来收尾，还有阿格尼丝·迪恩(Agyness Deyn)从五层楼上全裸跳下并落到一个巨大的气垫上。真是难以置信啊！"

——凯蒂·格兰德(Katie Grand)

时尚杂志

对于大多数学生来说，时尚探究的主要来源是时尚生活杂志，从中可以见识到与时尚相关的不同见解。知名的杂志可以很容易买到，而一些独立出版物就只能在专业的书店或在线购买，许多纸质的时尚和造型杂志也有网络版。可以在图书馆中找到像 *Vogue* 这类杂志的档案资料，对于你的时尚报道和时尚广告而言，这些资料将会提供历史性的知识。运用杂志获取创意和方向是一种常见的方法，但在进行造型时应该尽量避免生搬硬套这些创意。对这类杂志进行分析，才能很好地理解它们是如何做到了目的定位的：它的读者是谁、特色的品牌和设计师是怎样的、服装的中心价位是多少。查阅时尚摄影可以寻找专业摄影师、造型师以及发型、妆型或者道具设计背后的创意，尤其是当你想要从事时尚报道方面的工作，那就更要对人名及其作品风格耳熟能详。

然而，对于时尚大片保持热情，并不意味着它是获取资讯的唯一途径。你可以摆脱熟知的领域，寻找其他出版物。当你购买一本杂志时，你可以思考它是否与时尚相关，例如，一本园艺或者平面设计方面的杂志，或者购买各种不同的报纸来拓展你对当前时事的敏感度。时尚受到全球性问题和事件的影响，例如生态事件或者新音乐和电影，可以通过新的途径快速探寻这些信息，它们会比那些需要花费6个月的时间制作的时尚杂志更新、更快。

▶ 选择那些你认为对时尚调研有用的杂志。
摄影：戴夫·斯科菲尔德 (Dave Schofield)

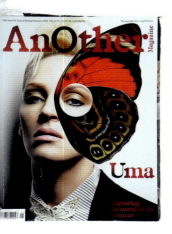

凯蒂·格兰德

当凯蒂·格兰德主修时装设计时，与斯黛拉·麦卡特尼(Stella McCartney)和贾尔斯·迪肯(Giles Deacon)相遇。在1990年代早期，她就跟随杰弗逊·哈克(Jefferson Hack)和摄影师兰金(Rankin)为*Dazed & Confused*杂志工作，同时，她还在现已倒闭的*The Face*杂志做过时尚总监。她在1999年离开*Dazed*杂志并发行了*POP*杂志，该杂志主要以社会名流人士作为封面，例如麦当娜、凯利·米洛(Kylie)和伊丽莎白·赫利(Liz Hurley)，近期还推出了杂志*Love*。与此同时，格兰德还为宝缇嘉(Bottega Veneta)、路易·威登和普拉达品牌担任时尚顾问。

译者注：*Dazed & Confused*是英国老牌时尚文化杂志。自从20世纪90年代踏出第一步以来，*Dazed & Confused*已经走过了很长一段路。目前，杂志发行超过40个国家，引来无数的崇拜者和模仿者。它代表了不同寻常的编辑品味：举世瞩目的时尚潮流、出色抢眼的照片和插画、至高无上的音乐和电影、精彩疯狂的头条事件等。除此之外，*Dazed & Confused*最值得骄傲的是它的独立性。

摄影

正如时尚感觉是成为造型师的先决条件一样，对于摄影师及其作品有所了解也同样重要。作为一种创造性的媒介手段，摄影被广泛应用，一个摄影作品的构图、色彩、情绪或者叙述方式的角度可以使人获取灵感。同样的，你也可以从与时尚无关的摄影作品中获取灵感。对摄影的探究是简便易行的：在当地或者学校的图书馆中可以找到大量的摄影书籍，在网络上也可以找到成千上万的图片，你可以通过搜索引擎或者在图片共享网页中免费浏览，还可以留心一些博物馆和画廊举办的摄影展览。向一些重要的时尚摄影师学习、辨识他们的作品风格非常有益，这对于时尚参照来说很有帮助。这里列出了一些非常知名的摄影师的名单，他们的作品主要以时尚大片和广告、人像摄影、纪实和艺术领域的摄影为主。

具有影响力的摄影师：

尼克·奈特(Nick Knight)，布鲁斯·韦伯(Bruce Weber)，欧文·潘(Irving Penn)，塞德里克·布切特(Cedric Buchet)，马里奥·索兰提(Mario Sorrenti)，马里奥·泰斯蒂诺(Mario Testino)，尤尔根·泰勒(Juergen Teller)，沃尔夫冈·泰尔曼斯(Wolfgang Tilmans)，彼德·林德伯格(Peter Lindbergh)，史蒂夫·梅塞(Steven Meisel)，曼·雷(Man Ray)，赫伯·瑞茨(Herb Ritts)，迪安·阿伯斯(Diane Arbus)，贝拉·伯索迪(Bela Borsodi)，德伯哈·特勃威利(Deborah Turberville)，塞西尔·比顿(Cecil Beaton)，伊恩·兰金(Ian Rankin)，蒂姆·沃克(Tim Walker)，马格纳斯·温拿(Magnus Unnar)，盖·布尔丹(Guy Bourdin)，大卫·拉切贝尔(David Lachapelle)，理查德·艾夫登(Richard Avedon)，大卫·西姆斯(David Sims)，阿里斯蒂尔·麦克莱伦(Alisdair McLellan)，安妮·勒伯维茨(Annie Leibovitz)，科琳娜·德(Corinne Day)，艾伦·凡·安沃斯(Ellen Von Unworth)，帕特里克·德马切雷(Patrick Demarchelier)，史蒂夫·克莱恩(Steven Klein)，马里奥·索伦蒂(Mario Sorrenti)，海尔穆特·牛顿(Helmut Newton)，伊纳斯·凡·兰姆斯维德(Inez Van Lamsweerde)，维努德·玛达丁(Vinoodh Matadin)，克雷格·麦克迪恩(Craig McDean)，泰瑞·理查德森(Terry Richardson)，默特·阿拉斯(Mert Alas)，马库斯·皮格特(Marcus Piggot)。

梅拉妮·沃德

1989年，梅拉妮·沃德(Melanie Ward)与摄影师科琳娜·德合作，以塑造15岁的凯特·莫斯的坚毅形象而成名。该造型改变了时尚的走向（在当时看来，形象和模特都被认为是非常闪亮的）。她随后为卡尔文·克莱恩(Calvin Klein)主要广告大片中的年轻模特进行造型设计。她在海尔姆特·朗(Helmut Lang)品牌担任了13年的创意总监，现在在纽约的*Harper's Bazaar*杂志担任资深时尚编辑一职。2009年，她推出了自己的女装精品路线布鲁森·诺尔(Blouson Noir)。

▶ 以尤尔根·泰勒的摄影风格为灵感的时尚大片。
造型：黛西·奥伯森 (Daisy Auberson)

"我总是想让人们看上去仿佛穿的正是自己的服装。"

——梅拉妮·沃德
(Melanie Ward)

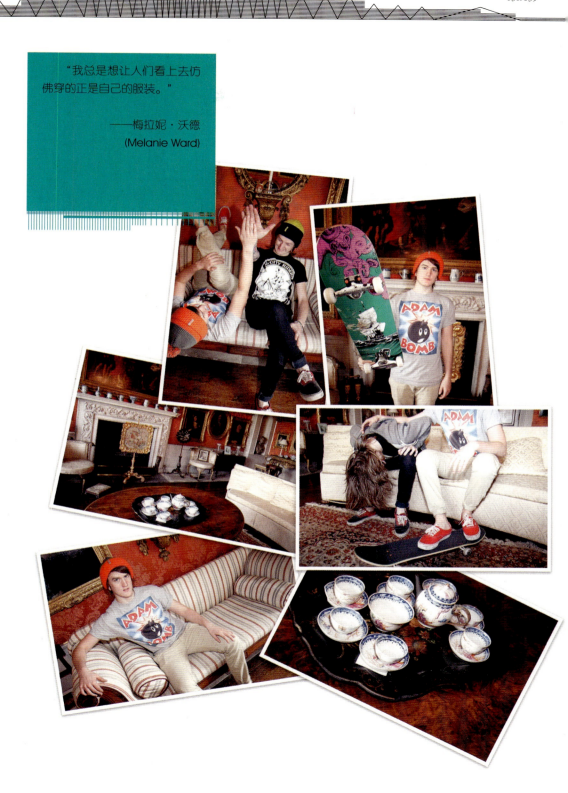

艺术

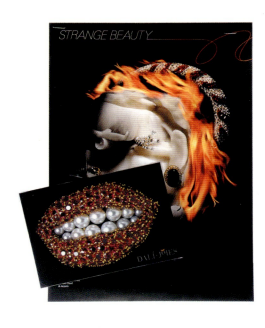

在拍摄那些固有的服装风格之前，可以通过素描和油画等艺术品记录印象。在油画、素描、图案和雕塑中发现的构图、主题、色彩和肌理都可以作为造型的灵感来源。新手造型师必须通晓艺术和设计领域中对时尚、建筑和家具设计带来影响的重要运动，例如装饰艺术、新艺术运动、极简主义和现代主义，尤其是超现实主义(Surrealism)曾对时装设计和摄影带来深远的影响，在艺术家萨尔瓦多·达利与时装设计师艾尔莎·夏帕瑞丽(Elsa Schiaparelli)的合作作品或者在曼·雷的摄影作品中可以看到这一点。它对时尚的强烈影响至今依然存在着——仔细想一想，蒂姆·沃克(Tim Walker)的摄影作品、维克多和拉尔夫(Victor & Rolf)的夸张廓型的系列设计，或者修纳·希斯(Shona Heath)的道具设计。

还可以考虑探究多种形式的当代艺术实践，例如数码艺术、行为艺术和装置艺术；通过拜访博物馆和画廊去亲身体验、鉴赏。

◐ 时尚大片中的造型与比例关系受到了超现实主义艺术的启示。
摄影：亚当·比兹利 (Adam Beazley)
造型：安德里亚·比尔林 (Andrea Billing)
◐ 由杰奎琳·麦克阿瑟制作的超现实主义拼贴图。

电影

对于造型师来说，电影对时尚造型的描写具有非常重要的价值，并且可以源源不断地为摄影师提供大量的灵感来源。电影会带来不同层次的吸引力，这主要取决于你的专业。电影事关个人的选择，人们有着各种各样的欣赏品味：有些人可能很喜欢美国的B级电影，而另一些人可能对史诗性的古装剧情有独钟。没有必要原封不动地提取电影的影响因素，例如模仿演员所穿的一件剧装，电影还有其他有关的参照因素可以被利用，如用于整部电影或者某个场景的外景地或灯光。

这里列出的标志性电影都是建议去观赏的。在某些情况下，它们定义了一个时代，例如《了不起的盖茨比》(*The Great Gatsby*)勾勒了1920年代的连衣裙样式；另外一些影片会记录一个社会群体的风格样式，例如《四重人格》(*Quadrophenia*)中的摩登派文化(Mod Culture)。还有一些影片与时尚有着特别的联系，例如《放大》(*Blow Up*, 1966)，其特色在于由1960年代的模特维苏卡(Verushka)出演了一个情色场面；而摄影师理查德·艾夫登在影片《甜姐儿》(*Funny Face*, 1957)中担任了创意顾问；《第五元素》(*The Fifth Element*, 1997)的剧装是让·保罗·高蒂耶设计的；时装设计师汤姆·福特则为影片《一个单身汉》(*A Single Man*, 2009)撰写了剧本并导演了该片。

标志性电影

青春文艺片:《飞车党》(*The Wild One*, 1953);《无因的反叛》(*Rebel Without a Cause*, 1955);《四重人格》(*Quadrophenia*, 1979);《早餐俱乐部》(*The Breakfast Club*, 1985);《这就是英格兰》(*This is England*, 2006);《年少轻狂》(*Kidulthood*, 2006)。

动作片/犯罪片:《邦尼和克莱德》(*Bonnie & Clyde*, 1967);《疯狂的麦克斯》(*Mad Max*, 1979);《疤面煞星》(*Scarface*, 1983);《壮志凌云》(*Top Gun*, 1986)。

悬疑片:《后窗》(*Rear Window*, 1954);《群鸟》(*The Birds*, 1963);《偷天游戏》(*The Thomas Crown Affair*, 1968)。

色情片:《吉尔达》(*Gilda*, 1946);《上帝创造女人》(*And God Created Woman*, 1956);《白日美人》(*Belle de Jour*, 1967);《美国舞男》(*American Gigolo*, 1980);《巴黎野玫瑰》(*Betty Blue*, 1986)。

科幻片:《大都会》(*Metropolis*, 1927);《太空英雌芭芭拉》(*Barbarella*, 1968);《银翼杀手》(*Blade Runner*, 1982);《黑客帝国》(*The Matrix*, 1999)。

浪漫片:《罗马假日》(*Roman Holiday*, 1953);《爱情故事》(*Love Story*, 1970);《往日情怀》(*The Way We Were*, 1973);《红粉佳人》(*Pretty in Pink*, 1986);《木头美人》(*Mannequin*, 1987);《风月俏佳人》(*Pretty Woman*, 1990)。

歌舞片:《红菱艳》(*The Red Shoes*, 1948);《一个美国人在巴黎》(*An American in Paris*, 1951);《窈窕淑女》(*My Fair Lady*, 1964);《油脂》(*Grease*, 1978);《罗密欧与朱丽叶》(*Romeo & Juliet*, 1996);《红磨坊》(*Moulin Rouge*, 2001)。

时代片:《乱世佳人》(*Gone with the Wind*, 1939);《日瓦戈医生》(*Dr Zhivago*, 1965);《了不起的盖茨比》(*The Great Gatsby*, 1974);《走出非洲》(*Out of Africa*, 1985);《绝代艳后》(*Marie Antoinette*, 2006)。

喜剧片:《金发美女》(*Blonde Bombshell*, 1933);《一夜风流》(*It Happened One Night*, 1934);《费城故事》(*The Philadelphia Story*, 1940);《热情如火》(*Some Like It Hot*, 1959);《蒂凡尼早餐》(*Breakfast at Tiffany's*, 1961);《复制娇妻》(*The Stepford Wives*, 1975);《香波》(*Shampoo*, 1975)。

◔ ◭ 标志性影片《罗马假日》（左）和《放大》（上）中的电影剧照。

◐ *Oyster* 杂志所拍摄的时尚大
片 "Nu Clean"
摄影：米洛斯·玛丽 (Milos Mali)
造型：保罗·布维 (Paul Bui)

作为一名造型师其工作的魅力在于，要肩负起对汹涌而来的、与造型设计相关的电视节目、杂志撰稿和大学课程的责任。由于时尚的流行，杂志造型设计成为一个高度竞争的领域。然而，随着网络杂志和博客的萌动，伴随着"自助出版"的展望（这些内容将会在第六部分详细说明），现在有更多的机会可以获得报道体验。

"我将时尚大片的拍摄看成是对单独的字词进行精工细制，就像是在创作一个小型剧本。我不能确定那就是合适的词语，但是就像写书一样，描述一个场景、一个独立存在的现实空间，是我发现的事物最有趣的一面。"

——西蒙·福克斯顿(Simon Foxton)

▷ *V* 杂志的时尚大片。
摄影：威尔·戴维森 (Will Davidson)
造型：杰·玛萨克瑞特 (Jay Massacret)

时尚故事

时尚报刊的大片是通过图片讲述一个故事，通常会先阐明一个主题、一种情绪或一个概念。时尚造型师通过这些故事诠释每季的流行趋势，例如关键廓型、色彩、印花图案和面料。时尚编辑及其团队则负责制订时尚大片的基调以及考虑如何吸引读者。对相同的时尚趋势，如粉彩色系的夏装，会根据出版物的不同而采用截然不同的方式进行造型设计和拍摄。时尚大片的内容也会取决于季节性，如冬天的外套或夏天的泳装。

非主流的出版物会通过街头或艺术作品中涌现的潮流趋势提供更具概念性的服装，也许是受到某个事物、模特或者场景的启发而拍摄照片。一些杂志在每期中都会探索一个不同的主题，它们将会为时尚大片带来启示，反之亦然。

尽管时尚大片远比一份邮购目录更具有视觉的冲击力，但它终归是一个销售工具。时尚报刊的流行页面以事先搭配好的服装为特色，启发读者思考如何穿出流行感；通常它们还会显示一个潮流如何从T台"自上而下"地传播到高街品牌中，以期为读者提供一种能够负担得起的时尚。

○ *Gaurdian: Weekend* 杂志的时尚大片。
摄影：伊兹拉·帕特切特 (Ezra Patchett)
造型：克莱尔·巴克利 (Clare Buckley)

▶ 以季节性的动物图案为特色的女装时尚大片。
摄影: 乔纳斯·布雷斯南 (Jonas Bresnan)

学生的时尚大片

接下来的几页将会以图例的方式说明时尚摄影创作的不同方式。这些图片都是从较大系列的时尚故事中快照而成的，因此受到一系列项目主题的影响。

◔ 一个受到"格朗基文化"(Grunge)影响的时尚大片。
造型及摄影：丹尼尔·史密斯
（格郎基文化是一种邋遢的、不分性别的反时尚潮流。——译者注）

◔ 通过运动和人体体态传达字母的"字母表"主题的时尚大片（这是字母C）。
造型：林赛·沃尔顿 (Lindsay Walton)
摄影：仙黛尔·鲍克 (Chantelle Bowker)

⬤ 灵感来自于印花男装的时尚大片。
造型：丹尼尔·伯恩 (Danielle Bone)
摄影：萨拉·琼斯 (Sarah Jones)

◀ ▲ 参考了伊夫·圣·洛朗的作
品和理查德·艾夫登摄影风格
的女装时尚大片。
造型: 柯斯蒂·盖迪斯 (Kirsty
Geddes)

商业造型设计主要用于向特定的消费者推销时尚产品或服务。商业图片通过传统的促销渠道，如电视、电影、T台走秀、广告牌（路边广告牌、火车站或飞机场的广告牌）、杂志和商品目录及其网络版本进行传播。在零售环境中，商业化的时尚图片通常会布置在店铺橱窗、POP广告(The Point Of Purchase)或者在新店开张的促销中，这已经成为司空见惯的事情——甚至将整栋建筑用广告图片所覆盖。网络也是商业图片的好去处，它的数字化存储可以发挥更多的创造力，例如当消费者在网店购物或者观看网络电影时，广告会在网页侧面或顶部滚动而出或者在一个新窗口中弹出。

◐ Acne品牌宣传册，使用了帕特里克·沃赫(Patrick Waugh)的艺术作品。

▶ 斯黛拉·麦卡特尼(Stella McCartney)为阿迪达斯设计的系列产品的广告图片。

商业造型师

商业造型师将会和大批客户就各式各样的项目进行合作。客户是商业化项目的关键，同样地，造型师必须以客户为本。商业化团队的规模一般比时尚大片团队的规模大。与造型师一同工作的将会是客户（他可能是该品牌营销团队中的一员），或者是代表自己品牌的设计师，也有可能是广告代理商的代表。这将是一个具有创造力的团队——总监、艺术总监、摄影师、发型师和化妆师，还有模特或演员。根据设计任务的不同，可能还会涉及更多的人。对于造型师而言，成为团队中的一员很重要，他可以在创作过程中结合各种不同的创意和建议，与人协同合作。

与商业化的造型设计相比，时尚大片的造型设计提供了更大的自由创作空间；然而，广告项目则会带来更多的资金回报。通常，时尚行业中高水平的造型师们经常会和相同水平的摄影师和化妆师进行团队合作，因为他们精通在杂志上为重要的国际设计师和品牌进行广告推广的技艺。这也就是为什么你要和合作伙伴建立联系是很重要的原因。一个商业客户会有机会接触到经验丰富的摄影师为其拍摄广告，而且他还会推荐你作为优选的造型师来完成这项工作。

朗万(Lanvin)为H&M所做的系列产品的广告大片。
摄影：大卫·西姆斯 (David Sims)

◇ ▷ 埃勒里(Ellery)的2010年
秋冬系列产品的广告宣传。
摄影：霍利·布莱克 (Holly
　　　Blake)
艺术指导：基姆·埃勒里 (Kym
　　　Ellery)

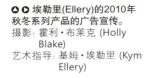

时尚广告

　　广告向其目标市场传达一个信息或者讲述一个故事，所有这些将会包含在"设计提案"中。在拍摄之前，客户将会与造型师及创意团队商议该提案，讨论模特、场景、服装和道具等事项。为商业项目采集服装与为时尚报道采集服装是不一样的：时尚广告中的形象只推广一个品牌、零售商或者设计师，而大多数情况下提供的是事先已经挑选出来的服装，它们通常由制订商品企划、为下一季采购一定数量品类服装的时尚买手来挑选，因为他们知道什么是关键的风格，能预期未来销售什么。他们和品牌营销团队的代表一起为商业摄影和广告影片挑选这些重要的单品。

　　这类商业广告的焦点是服装或配饰，因此可视性非常关键。选用造型师是为了确保服装能够被凸显出来并很好地适合模特，并在整个拍摄过程中都保持最佳状态。当然，也会有例外情况。例如，一个服饰品牌也可能希望通过模特手拿皮质手包的方式来设计一个广告，那么造型师就可能从整体造型的角度出发去其他地方寻找服装、鞋子和首饰，但是这些都必须与客户的眼光和设计提案相一致。

样品画册

　　样品画册主要以时装产品的画页为特色。造型师将浏览一本样品图册，并指定某些样衣用于拍摄。设计师则很少会在样品画册中使用T台的走秀图片，否则图片就好像被设计成了另一种用处的小册子或目录。

◖ 设计师马汀·罗斯(Martine Rose)的样品画册，艺术指导是帕特里克·沃赫。
摄影：汤·沃尔什 (Tung Walsh)
造型：理查德·斯罗恩 (Richard Sloan)

◖ 露丝·弗莱恩(Lucie Flynn)的饰物样品画册，艺术指导是帕特里克·沃赫。

非时尚广告的造型设计

尽管到处都充斥着时尚广告，但是请你再环顾一下四周，思考一下为银行或者超市这样的企业做广告所挑选的服装。一位造型师可能会为每个演员或者个人采选服装、做造型设计。而商业造型师则没必要紧跟潮流，但必须了解如何为一个商业化提案中的既定人物设定服装（见右侧）。

除非造型师与品牌公关代理商有很好的交情，否则租借衣服是很困难的，因为卖服装不赊账。在大多数情况下，造型师会有预算来购置服装。如果需要更多的特别之物来与服装相搭配，那么就需要租赁道具和家具。有特别制服需求的工作，如军服或者民族服装，不仅可以检验造型师的采集能力，而且还可以检验他们在服装史和文化方面的知识。

如果广告中是由一位知名度很高的名人来穿着服装，公关代表就会通过为品牌制造新闻（免费宣传）的方式，将名人穿着该品牌服装的事情进行大肆宣扬。这种推广形式被称之为"植入式广告"。这种情况也会发生在名人穿着该品牌服装出现在电视或者晚会的红地毯上，随后就会被时尚媒体争相报道。

一个典型的商业化提案

一个家具零售商会选择一个普通的家庭场景进行拍摄，比如妈妈和孩子坐在沙发上，共同阅读一本书：

- 妈妈约30岁，长着浅棕色的头发、蓝色的眼睛。她是一位家庭主妇型的母亲，喜欢和女儿一起做事情，比如烤蛋糕、画画、读书。她的家里很干净、明亮而且温馨，但并不极端摩登。她很时尚，但是舒适对她来说更重要。她最喜欢的衣服和家居用品的品牌是Jigsaw、Sainsbury's、Laura Ashley和Cath Kidston。
- 妈妈的服装要求：12码的服装和6码的鞋子。
- 道具要求：挑选适合4岁小孩的亮色封皮的书籍。
- 女儿4岁左右，金发碧眼。她的服装漂亮而实用。
- 女儿的服装要求：4岁小孩的服装号码及3码的鞋子。

拍摄中要传达角色的生活方式，因此造型师将会根据对角色的描述和环境选择服装。沙发被看作是观者所认同的可信生活方式中的一部分。

并非只有服装促成了时尚业的经济成功，从传统的角度看，时装屋已经依靠香水、手袋、鞋子、美容产品和时尚生活产品创造了收益。在时尚产业中，静态展示会被应用于各种领域，而且它是设计师和品牌进行产品营销的重要组成部分。

静态造型设计规划主要以产品为中心，可能会强调服装的色彩、特别的细节（如一个有趣的纽扣或装饰），或者可应用的色彩设计。对于时尚报道或商业化的静态造型设计来说，通常会有更概念化的或者超现实的方式，那就是使得该产品适合一个故事，以利于广告信息的传达。美容产品、化妆品和配饰因为尺寸的原因，很适合这种概念表达的方式。

从产品目录和画册到电子零售和网络杂志，品牌始终需要静态设计师用其专业知识和才能帮助他们，从而充分展示产品的所有优势。

○ 拼贴风格的静态大片。
摄影：乔纳斯·布雷斯南 (Jonas Bresnan)

○ 为 *Russh* 杂志制作的"粉饰"静态大片。
摄影：米洛斯·玛丽 (Milos Mali)
造型：克莱尔·巴克利和基姆·埃勒里 (Clare Buckley and Kym Ellery)

◔ 皮手套是这个故事的组成部分，故事主要聚焦在喝下午茶的习惯上。
造型及摄影：罗宾·温洛 (Robyn Winrow)

◔ 这个珠宝饰品摄影的大片中，"丛林"布景是用拼图和手工剪纸制作的植物和动物组成的。
造型：洛斯尼·巴克尔 (Rosenne Buckler)
摄影：大卫·斯科菲尔德 (David Schofield)

"在静态摄影中，对任何事物都需要进行
多种多样、不同方式的调研。有无穷无尽的可
能性存在，每一种可能性都有改变最终视觉效
果的潜力。"

——贝拉·伯索迪(Bela Borsodi)

静态造型设计

视觉化展示

　　用以展示美容产品、服装、饰品的技术可以和视觉营销（零售展示和橱窗设计师）的技术相媲美。静态造型师和视觉营销都需要在静物装置方面考虑构图、比例、规格和色彩的运用。

◑ 这种静态布景可以应用于2D图片或者橱窗展示的3D概念中。
造型：凯利·克里夫 (Kelly Cliff)
摄影：詹姆斯·奈洛尔 (James
　　　Naylor)
◐ 服装色彩和廓型的运用构成了超现实的时尚物品。
造型：柯斯蒂·盖迪斯 (Kirsty
　　　Geddes)
摄影：詹姆斯·奈洛尔 (James
　　　Naylor)

静态造型的概念

　　时尚大片和广告中的静态造型逐渐变得更具创新性、艺术感和奇思妙想，很难说造型设计和摄影在何处结束、电脑操作从何处开始。在随后的几页中，你将会看到一些具有创造力的静态造型实例。一些服装和配饰采用了非传统的方式进行造型设计，但是它们仍然是画面的核心。

◐ 在这幅幽默的画面中，用短袜制成的猴子"穿"着一双真实的休闲跑鞋进行拍摄。秋千的照片被转化为插图。最终的影像是通过把数字剪切的猴子放入插图背景中合成的。
造型和图形：洛斯尼·巴克尔
　　　　　　　(Roseanne Buckler)
摄影：大卫·斯科菲尔德 (David
　　　Schofield)

静态造型技巧

　　下列方法被广泛应用于商业广告的静态造型设计中，你会在不同种类的广告、邮寄目录或者小册子中找到其案例。静态造型师总是善于捕捉最微小的细节，他们对面料的手感和悬垂效果很了解，并精通对面料进行立体造型的技艺。这种造型设计的方法要求非常精准，尽管对快节奏方式工作的人来说，精准是一种额外的压力，但它仍会吸引那些对事物精益求精的人。产品目录是一页接一页地介绍产品样式，因此你必须有快速工作的能力。

场景

　　静态造型摄影需要营造一个场景，以传达与产品相适应的生活方式。

◐ ◑ 静态饰品被放置在一个可以反映产品风格的工业化场景中。
造型：泰瑞·丹特 (Terri Dent)
摄影：马克·普雷斯科特 (Mark Prescott)

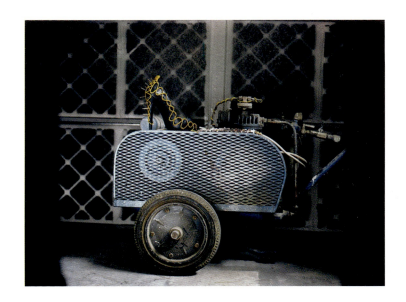

悬挂

　　有一种在室内影棚和户外场景中都流行的静态造型方法，就是把服装悬挂起来，如图例中所示，这种方法对于那些在平整状态下具有突出廓型的服装来说是十分奏效的，否则，它看上去就会没有生命力，也就是在时装设计或者零售中被描述的"缺少衣架美感"。

○ 运用灯光来展示服装廓型的男装静态造型设计。
造型：丹尼尔·伯恩 (Danielle Bone)
摄影：大卫·斯科菲尔德 (David Schofield)

◁ 用透明丝线悬挂服装于半空中。
造型：杰奎琳·麦克阿瑟 (Jacqueline McAssey)
摄影：大卫·斯科菲尔德 (David Schofield)

叠放

　　叠放的方式经常被用来展示不同色彩的同款衣服。服装被叠放得极其平整，或者故意弄皱。在服装中填充薄纸可以获得褶皱肌理的效果，这就允许造型师通过堆积褶皱和凹痕，使服装处于一种可以持续拍摄的状态。填充也可以被放置在服装内部，尤其是在服装的中间部位，以使叠放的服装看起来更高一些，并且可以避免塌陷下去。

部件

　　服装和配饰先单独进行造型设计和拍摄，但在图的排版中，为消费者呈现的则是搭配协调的一系列服装和配饰。T恤和外套运用填充薄纸的方式造型，以创造出人的体态，围巾也被摆放成围在脖颈上的形态。鞋子以两种不同的视角进行造型：一只鞋从侧视的视角进行拍摄，凸显色彩和品牌标志；另一只鞋则以俯视的视角进行拍摄，展示鞋带的细节。

◖ 尽管这些针织开衫仿佛被很随意地叠放在一起，但每一条棱边都被摆放得极其完美，这种完美效果会使人产生一种轻柔的触感。
摄影：亚历克斯·赫斯特 (Alex Hurst)
造型：卡洛尔·乌拉姆 (Carol Woollam)

◖ 一旦这些部件被拍成图片，就可以用数字化的方式被安排在一个页面中，画出色彩和品牌标志可以给排版带来更具图形化的效果。
摄影：亚历克斯·赫斯特 (Alex Hurst)
造型：卡洛尔·乌拉姆 (Carol Woollam)

◖ 这组套装被摆放在一个泡沫塑料板上，这样在拍摄过程中，造型师就可以将服装固定在某个区域来保持整套服装的造型。
摄影：亚历克斯·赫斯特 (Alex Hurst)
造型：卡洛尔·乌拉姆 (Carol Woollam)

成套搭配

单件服装可以和鞋子、包、饰品或一些道具一起进行造型和拍摄，这样可以获得完整的成套服装的效果，这种形式在邮购的产品目录中很流行，它可以帮助那些缺乏自信心的顾客做出购衣决定。有时成套搭配的平面服装会按照真人的比例和高度进行拍摄，以强化"真人"的效果。同样，薄纸会被填充进成套搭配的服装中，以使平面的服装更富有造型感。

模特架

要想以更加栩栩如生的动态方式展示服装（如一件衬衫），还有一种方式就是采用模特架。薄纸会被用来填充服装、对其进行造型，以获得三维立体的廓型；将薄纸卷起来可以营造出胳膊的饱满感觉，并可以将它们填充在衬衫的袖子中。随后，模特架的部分可以通过数字化操作从照片中剪切掉，只留下更具立体感的廓型。

私人造型设计包括形象和色彩的咨询顾问、一对一的造型设计以及对私人客户进行导购或者针对公开露面场合给予造型建议等。近年来，随着个性化"社会名流"造型师的增多以及社会名流在公开场合进行时尚购物被频频曝光，这一领域得到了迅猛的发展。在这一潮流的带动下，现在零售商为不同年龄、形体和尺码的消费者提供不同层次的私人造型师是一件很普遍的事情。

造型师与私人客户一起工作，主要依靠他们与客户的有效沟通。拥有非常好的人际交往能力是取得造型事业成功的关键所在，对于私人造型师而言，这一点起着决定性作用。对普通的公开露面给予造型建议，会涉及很多树立自信心的问题，一位客户需要（或者花钱请）私人造型师服务的原因，多半是想对生活方式做出重大改变，或者是要解决缺乏自信或严重身体缺陷等问题。这就需要私人造型师具备专业知识，并且能够以一种自信的、设身处地的方式明确清晰地传递信息。私人造型师应该增强自信心，启发客户建立起一种更为积极的穿衣态度。

与诸如女演员、音乐家这样的社交名流们一同工作，也许会感受到更高层次的兴奋感和荣耀，但实际上，把他们看作具有不安全感和个人问题的个性人物会更加明智，因为与普通客户相比，他们会曝光在更多人的监视与舆论之中。

"一位造型师需要了解客户的梦想和志向以及她的不安全感和特质，还有如何处理所有这些信息，并在她的身上塑造出最佳、最美的形象。"

——雷切尔·佐伊
(Rachel Zoe)

▶ **女装时尚大片。**
摄影: 乔纳斯·布雷思南 (Jonas Bresnan)

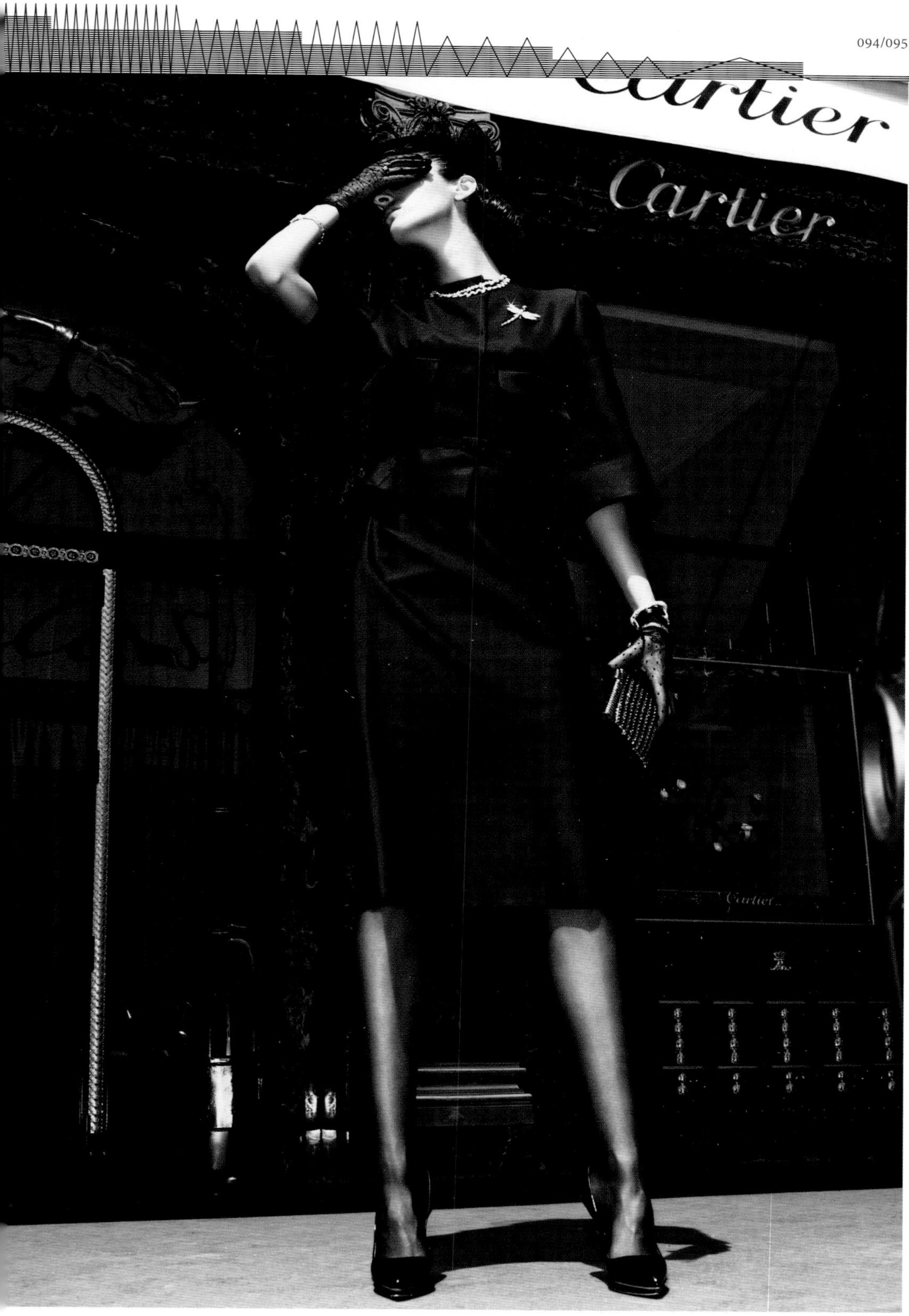
Cartier
Cartier
Cartier

为客户进行私人造型设计

对大多数人而言，请私人造型师服务是建立自我尊重的重要步骤。当私人造型设计师约见时，应该针对客户适合怎样的风格、他在未来进行购物时希望看到怎样的自己等问题，与他讨论如何管理自己的衣橱。以此出发，造型师可以对客户进行评价、讨论他的需求，而更重要的是，要讨论如何去帮助他。在与客户最初见面的过程中，造型师应该考虑以下几个问题。

生活方式

服装必须要与人的生活方式相适应。客户也许会在选择服装方面需要帮助，可能是为特定工作、特定场合做准备，也可能是为度假或者一个可以适用于整季的、完整的精致衣橱做准备。造型师必须切合客户的实际情况，与客户一起工作，并为之提供可行的解决方案。

预算

能够基于客户的预算给出建议很重要，这需要造型师对店铺及其售卖的商品具备良好的调研能力和全面的了解。这就是说，除了高端设计师的系列设计，对预算所对应级别市场的服装、内衣和配饰进行调研是同样重要的——还有这两个级别之间的所有市场。

体型和年龄

　　造型师帮助客户塑造身高、体格、体型和脸型的形象，并挑选最能遮掩缺陷的服装和配饰。同时一个客户的需要也会随着年龄的变化而发生改变。随着年龄的增长，造型师可以帮助客户认识自己，并提供与其年龄相匹配的服装。造型师也可以通过观察客户的肤色和头发颜色来鉴别最适合其穿着的色彩，某些事物也会随着年龄的增长而改变。

衣橱更新

　　一位私人造型师常常会进行"衣橱更新"的工作，包括将客户的衣橱分门别类，移除那些不合时宜的、主要指那些劣质或完全过时的服装。通过剔除这些单品，客户将会拥有更精简而又适合自己的服装，随后，造型师会建议其购买新品来使衣橱焕然一新。

◐◑◒ *Pavement* 杂志的女装大片。
摄影：亚德里安·麦斯科 (Adrian Meško)

社会名流的造型设计

毫无疑问，近些年来，社会名流的造型设计得到了大肆宣扬。在某些情况下，社会名流本人已经变成了自己的造型师。从全面的角度看，这些造型师必须具有相当丰富的经验，同时也要与时装设计师和时尚公关人员建立非常好的关系。要想在这一领域取得成功，需要对自己的能力有信心，还要具备出色的谈判技巧和与客户建立良好关系的能力。这不是一个朝九晚五的有规律的工作，许多造型师都会在白天或者晚上的任何时候，被简短的告知方式要求提供服装理念并解决问题。

社会名流客户需要造型师服务是有很多原因的。从实际的角度看，一位女演员或者歌手在日常生活中已经忙得不可开交了，她最不愿意做的事情就是购物。这对于她们来说，雇用一个了解她们品位和风格的人会方便许多，后者会研究并挑选出最适合她们风格的服装。社会名流的造型设计通常与走红地毯或参加颁奖典礼有关。造型师将根据典礼的隆重程度与服装设计师和品牌公关人员进行数月的磋商，

其目的在于为其客户找到合适的全套装备。当然，服装设计师或品牌公关人员对谁会穿着自己的服装也具有一定的选择性，如此这般看来，虽然它听起来似乎是一件相当容易的事情，但实际操作起来却常常相反。

造型师常会有一些独树一帜的造型设计。这一点，连同他们的工作或者人脉，将会使他们获得社会名流客户的青睐。造型师会不断更新客户的造型设计，或者进行重新定位，以使其始终处于全新的状态。常见的情况是，那些了解客户及其风格的造型师会与客户建立融洽的关系，这样就会更有可能被客户经常雇用。

对大多数刚刚起步的造型师来说，为社会名流进行造型设计看起来是遥不可及的，但是与一些未成名的音乐家、歌手和年轻的演员建立联系、提供服务，通过检验你的造型创意、采集服饰方面的创造力以及一切重要的网络工作的技巧，将会为你带来巨大的机会。

◐ 帕洛玛·费斯为《卫报：周末》杂志拍摄的大片。
摄影：伊兹拉·帕切特 (Ezra Patchett)
造型：克莱尔·巴克利 (Clare Buckley)

音乐家的造型设计

　　造型师常会被聘请为一位音乐家或歌手的特别活动做准备，例如一次巡回演出，或者为一张专辑的封面或音乐视频提供想法和创意。在一定程度上，品牌公司和音乐家将会寻找适合他们及其音乐风格的某些东西。就像商业化造型设计一样，对造型师来说，寻找服装的难易程度取决于客户。一些服装设计师非常乐意把自己的服装拿去拍摄视频，但这也要看设计师或品牌的服装是否适合客户，同样也要看他们是否会从这种合作关系中获得公众的关注。

> "我认为造型师的作用就是置身于情境中心，并将所有人带入其中，使事情发生。"
> ——尼古拉·弗明切蒂
> (Nicola Forminchetti)

◐ 雷迪·嘎嘎(Lady Gaga)的拍摄花絮。

▶ 受到音乐场景影响的时尚大片。
摄影：米洛斯·玛丽 (Milos Mali)

尼古拉·弗明切蒂

　　拥有意大利和日本血统的弗明切蒂，将其兼收并蓄的风格和高产的时尚工作归功于其接受的全球化教育。他是日本*Vogue Homme*的时尚总监，也是*Dazed & Confused*、*Another Magazine*、*Another Man*、*V Magazine*和*V Man*杂志的时尚编辑，同时他还是优衣库(Uniqlo)和Y-3品牌的顾问，是乔治·阿玛尼(Giorgio Armani)和普拉达(Prada)品牌的设计师。

　　也许他最具影响力的身份之一是音乐家雷迪·嘎嘎的造型师。他负责她的前卫造型，为其在杂志摄影和音乐视频中进行造型设计。

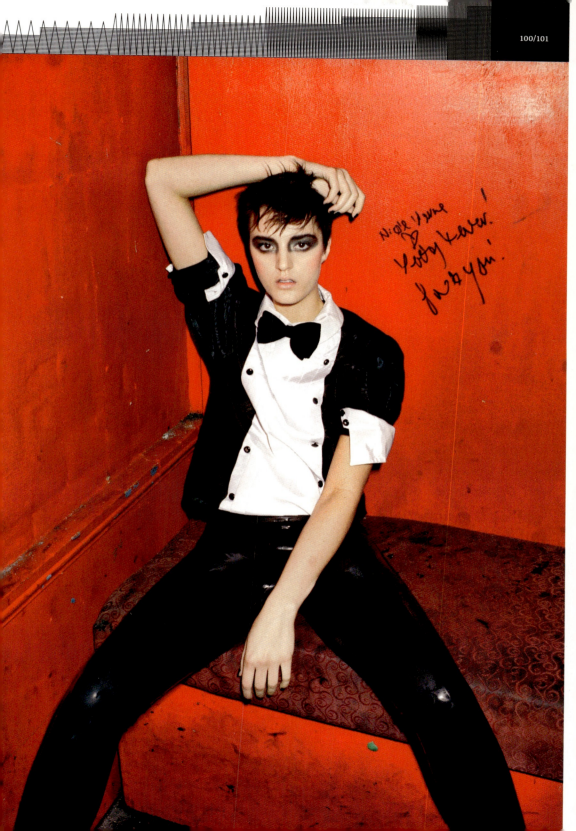

索伯翰·莱昂斯 (Siobhan Lyons)

索伯翰·莱昂斯从做雅各布·科（Jacob K）的助理造型师开始了自己的职业生涯。

创业之初

我在利兹(Leeds)艺术与设计学院主修了服装设计学位的基础课程。六个月后，为了完成学业，我转至伦敦。我在那既没有工作，也没有地方住，而且只认识一个人。我想做与造型设计相关的工作，也想更多地接触时尚圈，所以伦敦是唯一的选择。

最初我在加勒斯·普(Gareth Pugh)的工作室工作，帮他完成了2008年秋冬T台发布会的工作。其后我花了几天时间给杂志社发电子邮件寻找实习职位，最终我获得了答复，在 *Another Magazine* 实习。

在实习中要获得人们的信任，表明你是可靠、负责并乐于学习的。是的，我泡茶，而且做了许多看似"徒劳无功"的事情，但是，它们也不可避免地为我带来了更多有价值的事情。我很高兴自己一直坚持了下来，我认为没有这些体验就不会拥有现在所拥有的一切可贵的经验。

为雅各布·科做助理

在随后的两年半时间里，我遇到了雅各布·科，并成为他的第一助理。这样你会成为他们的第二个"大脑"，开始像他们一样思考，并且不得不学会提前十步为他们考虑。

身为一名助理，你会花很多时间来发送电子邮件，并在电话中与公关公司进行沟通。当雅各布不是作为唯一的造型师进行拍摄时，是很困难的。有成百上千个造型师在同一时间进行拍摄，而大家都想要获得相同的效果！压力相当巨大，而且事情并非总能按计划如期进行。

你必须放弃很多东西。当工作不断变化时，很难围绕工作制订计划，有时会连续几周一直处于四处奔波的状态，而且每次拍摄都会不停地返工。旅行是助理工作最棒的事情之一，我已经非常幸运地到过全世界的奇妙之地去旅行，不仅对工作有所帮助，还能遇见那些做梦都想不到的人。我从未想过我会从做琐碎工作开始，而最终做到了我想做的事情。我的确是非常幸运的！

右图为索伯翰·莱昂斯的人像摄影，由蒂姆·沃克拍摄。

索伯翰·莱昂斯 (Siobhan Lyons)

与蒂姆·沃克一起拍摄

这些摄影是对蒂姆·伯顿(Tim Burton)电影作品的回顾，因此我们要去重新塑造一些他影片中的代表性角色。我不得不去研究恋物癖的着装，寻找乳胶制的猫脸面具、手套、长袜等。雅各布已经从不同的设计师和服装秀中挑选出了他想要的形象，接下来就是我的责任了。我会向不同的公关人员去要所有的东西并随时关注其是否方便使用。

在这一组拍摄中，我们从美国Harper's Bazaar杂志拉来了12辆行李车的物品，外加自己的8个箱子。这是我们所有拍摄中规模最大的一次。我们在英国科尔切斯特(Colchester)的玫瑰园里拍摄，所以必须在车里准备好一切。情况并不理想，因为那里又黑又脏，但我们还是尽力做到最好。

我们专门为拍摄定做了一个100英尺（1英尺=0.3048米）高的骷髅架，用吊车悬挂起来。最后我穿上马丁·玛吉拉(Martin Margiela)的一身紧身衣、一双很诡异的亚历山大·麦奎恩(Alexander McQueen)的及膝长靴，然后从头到脚用绷带包裹起来，带着《圣诞惊魂夜》(The Nightmare Before Christmas)中杰克·斯盖尔顿(Jack Skeleton)的面具。

对页及本页图片出自Harper's Bazaar拍摄的蒂姆·伯顿专题大片。摄影师是蒂姆·沃克；道具设计师是索纳·希斯(Shona Heath)；造型师是雅各布·科；助理造型师是索伯翰·莱昂斯。

埃玛·贞德·帕克 (Emma Jade Parker)

商业广告助理的一天

准备

典型的一天通常是从早上6点到8点之间的一通订早餐电话开始，拍摄则可能会在室内或室外的地点进行。如果进行室内拍摄，我就会在室内搭建起一个衣帽间。在现场，我会使用一个推拉衣架或者带有基座的行李车，来转移轨道、水槽、洗衣机等物品。这非常必要，它可以被推到任何地方，从酒店到教堂或者别墅！

我的第一项工作就是打开服装和饰品的包装，并把它们悬挂起来进行蒸汽熨烫。我与发型师和妆型师密切合作，为演员、模特或者表演者创造出一定的着装风格。通常，制片人为艺术家设定了一个同步的时间表，但是如果我们觉得艺术家应该先化妆或者先在衣橱选择服装的话，我们马上就会做出决定。

有时，艺术家会穿着一些精美的服装，使

我不想让他们坐在那儿化一小时的妆而把衣服弄皱，而制片人先前制订时间表时是不了解这个情况的。大部分工作都实践性极强，而且总要提前考虑问题。如果在拍摄之前没有进行试衣，那么我早上做的第一件事就是拿着搭配方案征得同意，然后当艺术家做发型和化妆时，我就要将服装熨平并悬挂起来，随时准备着，直到穿上身的最后一刻。

你必须征得以下几个人对服装的意见：总监、广告代理商（是他们撰写的广告理念）以及客户。这需要良好的人际沟通技巧、积极的态度以及可以对自己的选择进行解释的能力，还要用一种明智而有涵养的方式与他们周旋。做事会有很多选择，然而，记住一点：你是造型师，这是你所擅长的领域，这将会对你有好处。

"具备很好的观察、评论技巧以及从造型、时尚到音乐、电影、文化这些司空见惯的事物中不断学习的能力，将是很大的优势。

——埃玛·贞德·帕克
(Emma Jade Parker)

埃玛·贞德·帕克 (Emma Jade Parker)

工作现场

　　一旦艺术家被请到现场，我就必须一直跟随他们并在监控器中看着他们的一举一动，以确保他们看上去完美无瑕，还要避免发生任何衣橱的故障或者连续性的问题。有时，我们在第一天拍摄艺术家穿过场景中的一扇门，而第二天则拍摄他从工作室的另一扇门走出来，因此，服装精准搭配的连续性是最基本的要求：手包必须拿在同一只手中，纽扣的数量必须保持一致，围巾也必须以相同的方式进行扎系。

　　每天的工作时间是不同的，但是总体来说，我们每天会在镜头前工作10~12小时。每天工作结束后，我会把所有的东西收拾好，把一些需要归还给商店、租赁公司或者公关公司的服装整理好。

工作的方方面面

我会安排一天时间来归还那些需要送回
的服装，还要整理票据并确保所购买的每一件
物品的费用与所剩余的钱款都能够一一对账。
管理预算是我工作中很大的一部分内容，这必
须要事先做足功课。我还会收到提案、总监的
处理意见、故事板、情绪板、艺术家的尺码和
预算信息，这样我就可以购买一切需要的东西
了。如果是当前的潮流需要，我会购买服装，
但是，有时我也会租赁、制作或者借用服装。
当然，服装必须是时尚、具有造型感觉、符合
潮流的，这一点很重要。此外，对时尚和服装
史以及各种各样的街头时尚具有充分的认识，
这也是必不可少的。

卡罗尔·乌尔拉姆（Carol Woollam）

静态造型师生活中的一天

设计提案

　　作为一位静态造型师，我的大部分客户是邮购公司。设计提案是提前一两天或一周就提交的，其中向艺术总监、摄影师和造型师做出了讲解。如果要展示某些细节或者需要拍摄的产品，设计提案中就会将买手或设计师包含在内。设计提案决定每天要拍摄产品的数量、摄影师所需的灯光类型以及需要什么样的道具或背景。所有这些都要去搜罗，而且在拍摄当天就要在摄影棚内做好准备。

　　每天拍摄的产品数量通常都可以完成，而且会因客户的不同而不同。有些客户要求的拍摄量很少，每个页面中要求放置的图片也很少（较少产品），这些摄影作品则会以推广宣传的方式进行拍摄；另一些客户则要求快速翻转页面，其页面中的图片密度通常会很大（更多产品），而且销售照片中常常会有模特。

拍摄

　　客户将会做出预算，内含摄影师的费用，造型师及其助理（他们有时可能是布景的建造者）的费用，影棚和设备的租赁费用，食品、饮料和运输的费用。

　　静态摄影的典型一天是从早上8：30~9：00开始的。我到达工作室后就会打开我的造型工具箱，支起熨烫板和熨斗，并向蒸汽容器中注满水，做好准备。提前做好各种准备，可以使你提前预见任何可能发生的问题。你还要核实产品是否正确对应，尤其是尺码和颜色。依据服装的种类及其展示的方式，我会熨烫或者用蒸汽处理，然后在需要的情况下进行折叠，在现场放好备用。

　　创意团队会坐下来讨论拍摄的顺序。当摄影师设置灯光和布景时，我会在衣架上按照拍摄的先后顺序排列服装。如果既有单件照也有多件产品的组合照，通常先拍单件照会更容易，以留下充足的时间准备更多组合照的拍摄。

　　在现场布置服装时，要快速浏览并在电脑上检查它的位置，如果需要的话，就要进行调整。如果服装需要展现出运动的感觉，可以使用薄纸或者填充物进行塑造。拍摄时需要连续拍几张，直到获得理想的灯光和产品外观，艺术总监会进行最后的审核并指出需要微调的部分。电脑屏幕上的特写镜头会暴露出任何需要调整的瑕疵。

　　有时，事情未能按照计划开展，可能没拍好。因此，在任何时候，创意团队之间明确而不间断的沟通交流都是必要的，这样可以确保大家能按照相同的标准开展工作。如果造型师或者摄影师可以预见到拍摄过程中可能发生的问题，就应该立刻提醒每个人注意并迅速解决，以确保拍摄能够在规定的时间内完成。

○ 为 *Russh* 杂志拍摄的时尚大片，
场景选在澳大利亚的邦迪海滩
(Bondi Beach)。
摄影：米洛斯·玛丽 (Milos Mali)
造型：克莱尔·巴克利 (Clare
Buckley)

若想要将时尚造型设计作为终身职业，你就需要向潜在的雇主或者客户展示大量作品。如果你没有机会为一位专业的造型师做助理，那么以一种"实验性"的方式创作作品是验证创意的最好方法。这种方法允许你以极少的预算与摄影师、发型师、化妆师及模特一起免费合作。此外，除了逐步完善你的作品集外，这样做还可以帮助你建立自信，并以一种更加专业化的方式开展工作。在为时尚摄影做造型设计时，需要考虑很多因素，而且这些因素是无法事先计划的。但是，如果你只是"实验性"地"试试"某些创意，则没有太大影响；早犯错并从错误中学习是最让人受益的。一个造型师要积极应对在图片制作过程中出现的所有问题和变化，你如何面对这些挑战是这项工作的关键所在。

◗ 在巴黎为Rodeo杂志拍摄时尚大片。
摄影：马库斯·帕尔姆奎斯特和弗洛德·弗耶丁斯泰德 (Frode Fjerdingstad)
造型：琼·纳卡莫托 (June Nakamoto)

◗ 时尚大片的幕后花絮：在学生之间分派造型设计、艺术总监和摄影师的角色。
摄影及造型：
萨曼莎·格雷尔 (Samantha Grayer)、夏洛特·杰克逊 (Charlotte Jackson) 和塔拉·巴姆弗斯 (Tara Bamforth)

组织实验性摄影

进行实验性摄影是一个权衡的过程，大家合作的共同目标就是为彼此的作品集获取有用的图片。如果你正在攻读艺术与设计课程，你的周围将随处可见具有创造力的学习摄影、时装设计、纺织品设计、平面设计以及插画专业的学生。这就可以由你来决定寻找合适的人组建一个创意团队。这也是建立人际关系的第一步，不可否认的是，其中有些人会比另一些人更容易接近。如果你对主动接近别人没有信心，那么就不如考虑通过一些海报、网页以及在线团体的方式推介你自己和你的能力。寻找志同道合的伙伴一起合作是至关重要的，在你的职业生涯中，这种及早建立起来的人际关系将会一直伴随你整个的职业工作和生活。从根本上看，理想化的团队是一个所有成员能够共享彼此创意的集体，是所有人朝着一个共同的艺术方向合作的集体。

如果你是与其他有创造力的人合作进行图片制作，那么无论如何都不会是制作属于自己的图片。因此，你也许希望可以自己拍摄，这对于小规模的拍摄来说是可行的。运用数码相机和你自己的服装，在你朋友的别墅或者外景地拍摄，你可以进行造型设计和拍摄，并对自己的造型设计作品进行分析。然而你会发现，当场景或镜头、服装和模特越来越多时，兼任造型师和摄影师双重身份就会变得越来越困难。首先，造型师关注服装，并会在整个拍摄过程中聚焦于此。一旦你的眼睛离开被关注的事物，问题就可能会被忽视，直到你看见它们出现在最终的照片中，而这时已经无法通过数字化的方式进行修改了。事实上，即使是在实验阶段，对你和你的摄影师来说，摄影制作的工作量还是有些大，这就需要由助理来协助完成任务。

团队合作

沟通

　　拍摄所涉及的复杂组织和策划要求造型师具备出色的沟通和谈判技巧。涉及的人越多，就有越多的关系需要沟通。有些拍摄任务需要花费几周的时间去规划和拓展，而另一些则会非常迅速。如果需要寻找或者制作特定的道具，或者需要寻找特定的场景，造型师还必须承担大量的策划工作。手机和网络技术的进步及社交网络和资源共享网站的运用，例如Flickr或者Facebook，都使得拍摄的组织工作更为快速和流畅，尤其对学生而言。在挑选模特或者拍摄那些可以带来灵感的参考资料时，手机相机也是很有用的。

◑ 拍摄灵感来源于1960年代的摄影剧照。
造型：凯利·克里夫 (Kelly Cliff)
摄影：亚历山大·洛基特
　　　(Alexander Lockett)

现在你要决定你和你的团队准备拍摄什么，是一个围绕着即将来临的季节潮流展开的故事？还是你看过的一个带给你灵感的展览？还是你努力在捕捉的一种情绪？抑或是你所关注的一件服装、鞋子或者首饰的整个拍摄过程？

通过使用废书籍制作拼贴图或者情绪板，并运用杂志撕页、词语、图片、速写、实物和面料拓展你的最初创意，这一切与选出的色彩、肌理和图形一起，都能说明一种服装、配饰、发型、妆型和道具的情绪或创意。用这种方式记录信息，可以使你以形象化的方式向创意团队中的其他成员传达你的想法。当团队成员们对这些信息做出反应并就拍摄创意、如何形象化地诠释故事方面提出自己的想法时，创意就会层出不穷。团队可以从一个小的想法开始，随后以一种令人信服的方式将这个想法扩展到10张为一组的图片当中，因此，能够通过形象化方式和词语表达你的创意理念是最重要的。

摄影师可以提出有关灯光的想法、对场景提出建议并确定拍摄所需的设备。发型师和化妆师也可以就体型、肌理及后处理等方面提出想法，而且还要将所有专家的意见进行统一，例如假发、不寻常的色彩、人体彩绘等。

"造型设计是非常立竿见影的事情。大惊小怪总是会有的，但如果你能拥有一个创意，并在下一周把它拍摄出来，那么就会结束。"

——西蒙·福克斯顿
(Simon Foxton)

○ 造型设计的灵感情绪基调板，由卡罗琳·夏德维克（Caroline Chadwick）制作。

▶ 由艾莉·诺布尔绘制的时装画。

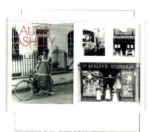

I began by researching into Laura Ashley and reading the Martin Wood book. Looking through the pages I took inspiration from the old photographs of outside the Laura Ashley's stores. I liked the use of the pinafores and the bonets which reminded me of the 1970s show Little House on the Prairie.

This shoot is my main styling inspiration, as it incorporates all the key references I have been looking at and it shows how I can link all these sources together to create a 'fresh look'.

What I liked about the June 2009 campaign by Chanel (*that was influenced by the Little House on the Prairie*) was how it took inspiration from a show that was broadcast over 30 years ago and made it a modern, up-to-date advertisement. This is something I would like to incorporate into my own shoot.

Taking inspiration from the Steven Meisel shoot and Little House on the Prairie, I like the idea of recreating this victorian, 'farmer' style way of dress. I will layer up the garment with a check-print maxi skirt to go underneath the skirt and an apron to me worn over the top (both of which I will make). I also like the idea of using a cream victorian style blouse to be worn underneath the dress. I will also make a bonnet similar to the ones highlighted in the Meisel shoot.

Taking inspiration from these Laura Ashley images, I want to play on this country girl style way of dress and add brown, leather boots to the garment.

In keeping with this theme I like the idea of incorporating nature somehow into the shoot. Ideally, I would shoot this collection in a field, however, as it is studio based I like the idea of bringing in wild flowers. The flowers will be used as a prop and will be coming out of a bag to create the idea of the girl having been out in the field picking flowers.

Little House on the Prairie

Taking inspiration from the Little House on the Prairie, the model's hair will be in two loose plaits and she will wear a bonet similar to the one used in the Italian Vogue shoot.

Chanel June 2009 Advertisement Campaign

Styling Inspiration

专业摄影通常围绕着模特展开，在很多时尚广告宣传中，模特可以与社会名流或音乐家具有相同的高知名度。你和摄影师需要就适合的模特人选问题达成一致。如果模特具有合适的姿态和能力，那么就试着去约见对方并建立联系。也可以由你决定他们和主题之间的相关性。

　　无论是请职业模特还是业余模特，在使用模特时总会存在取舍问题。因此你应该为模特提供一张摄影图片的光碟或印刷品，及时做到这一点很重要。团队也应该就模特的费用达成一致，费用通常包括路费和午餐费。

◆ 以模特米歇拉(Michela)为核心的时尚照片。
摄影：米洛斯·玛丽 (Milos Mali)

▶ "模特1"经纪公司的在线作品集。

职业模特

　　大多数模特经纪公司代理男模、女模，有时还有童模。模特经纪是一个行业，因此如果你想请一位职业模特，你通常要为经纪公司的服务支付费用。对于学生而言，很难联系到职业模特，除非他们拥有非常强有力的作品集，或者与模特经纪公司或时装企业保持非常好的联系。如果你和经纪公司不熟悉，他们在对你进行考虑之前，会要求看一些你的作品及摄影师的作品。如果他们拒绝了你使用模特的需求，也不要大惊小怪。造型设计就是建立联系并拓展自己的工作，而且随着经验的丰富，这种能力会逐步得到提高。

　　与模特经纪公司获取联系的另一种途径是与"新面孔"合作。他们通常都是一些新晋的年轻模特，在经纪公司将他们的照片放在主打版面之前，他们需要构建起自己的作品集，并获得更多与拍摄相关的经验。大多数经纪公司会以"新面孔"的网页栏目来展示这些模特。使用"新面孔"可以有助于你与模特经纪公司建立和谐的关系，这对你未来的工作十分重要。

街选模特

这是指在"街头"寻找接近真实生活的普通人来做模特，这是一种寻找未与模特经纪公司签约的人的有用方法，他们做模特是免费的，或者只需支付路费。首先应该考虑你需要寻找什么样的人，你在什么地方可能会找到他们，例如你可以在健身房找到一个运动型模特。通过街选模特的方式，你可以在更大的范围内寻找到另类风貌的模特，这也许是你的拍摄方案中很重要的要求。有时候，一个拍摄的创意正是源自于一个不同寻常的或引人注目的人。

如果你锁定某个合适的人选，那么就要设法走近他们，探明他们是否乐意做模特。向他们介绍一些有关拍摄的简要信息，可以让他们打消顾虑。向他们索取联络方式及其身高、服装及鞋子的尺码等附加信息（如果合适的话）并拍张照片：拍一张半身照和一张全身照就可以了。街选模特可能不会完全符合规范的"模特标准"，因此，在寻找服装时要记住这一点。而且，还要记得核查有潜质的模特的年龄。

选用这种街选模特的缺点是他们缺乏经验，而实际上你也在寻找经验，所以这是一个好的开始。你有可能会找到很有潜质的人合作，你也可以多找几个人以备不时之需，例如你的模特在关键的时刻离开了，如果他们对拍摄感到特别紧张时，这种情况就有可能发生。

在线物色人选

你还可以考虑在社交网站上创建一个群来辅助你的调研。你可以通过与在线朋友交流获得帮助以使群组得以提升。这是一个建立新联系的很好方式，也可以超越地域范围、拓宽寻找潜在模特的机会。当然，如果你的模特要经过长途旅行才能到达拍摄地点的话，你就要慎重考虑地理位置问题了。

▶ "当地人"，是摄影师杰米·霍克斯沃斯(Jamie Hawkesworth)的个人项目，可以作为一位专业摄影师的时尚报道故事的案例，即使用了街头背景及街选模特。
摄影: 杰米·霍克斯沃斯 (Jamie Hawkesworth)

时尚摄影既可以在影棚拍摄，也可以在外景地拍摄。在决定地点方面，故事内容起到了决定性作用。此外，诸如天气、设备和外景地使用的可能性等其他因素也必须加以考虑。如果你是个学生，你只能在力所能及的范围内工作，除非你足够幸运可以使用专业的、设备完善的影棚。另外，外景地的可能性则是无穷无尽的：有的空间感给人印象深刻，如很酷的酒店和宏伟的豪华古宅，可以构成宏大的拍摄背景；还有更朴素的背景，如咖啡屋或自助洗衣店。现在，选取场景比以往任何时候都更容易实现，有可能的话，可以在线浏览诸如酒店、豪华古宅的室内和室外的图片。在影棚内和外景地拍摄都有许多优缺点，但是，当你进行实验性拍摄时，从丰富阅历的角度来说，这两种方式都非常有益。

> "场景有其自身的氛围，将会为图片带来一种历史感、社会感和人文感。"
>
> ——亚历克斯·怀特
> (Alex White)

◐ ◑ 围绕场景展开的个人摄影大片。
摄影：杰米·霍克斯沃斯 (Jamie Hawkesworth)

影棚

在一个可控的环境下拍摄，意味着不需要担心光线或者天气等因素，而你在进行外景拍摄时这些因素都必须考虑。校内影棚通常配备了灯光、相机、电脑、背景幕布和道具，还包括做发型的设备、镜子、服装挂杆。发型和妆型既可以在影棚内完成，也可以在影棚旁边完成，而模特则要有一个相对舒适的地方换衣服。可以在拍摄过程中放点儿音乐营造一个充满活力或放松的氛围。

将影棚作为一个空白的空间来使用，没有道具和家具，就可以把重点放在灯光、服装、模特和姿态上。如果没有影棚可以使用，则可以选择一个类似"空白画布"的室内空间。

○ 将影棚作为一个"空白画布"进行拍摄，将重点放在模特和服装上。
造型：斯蒂芬尼·切勒特 (Stephanie Cherlet)
摄影：莎莉·阿什利–库德 (Sally Ashley-Cound)

外景拍摄

○ 为*Guardian: Weekend* 杂志拍摄时尚大片，外景地为巴黎的协和歌剧酒店(Concorde Opéra)。
摄影：伊兹拉·帕特切特 (Ezra Patchett)
造型：克莱尔·巴克利 (Clare Buckley)

外景拍摄可以增添色彩和魅力，也可以给人一种衰败或似曾相识的感觉。如果你能够使用外景地的话，就需要考虑一下你周围的环境。以全新的眼光看待你所生活、工作或学习的地方，一个有效的外景地有可能就像你的花园或厨房那样普通。随身带着一个照相机，这样当你看到一个能够给人以灵感的外景地时就可以随时拍照，同时要记得标明地点。

如果想拍摄一种完整的风貌，酒店可以提供各种不同类型的室内陈设。如果你想寻找一个真实的房子来拍摄，可以考虑找房地产经纪人，他会让你使用一间空闲的或者配备完善的房子，或者有超现代外观的房子。

还要记住你需要拍摄多少个场景、外景地中是否有足够的细节来获取你想要的不同场景。像公园和森林这样的开放式外景空间可以提供一种令人印象深刻的景象和各种不同的布景，而一个小房间则会很有限。外景拍摄还会受到光线的影响，这一点也必须考虑到，天气也是外景拍摄中不可控制的可变因素。

　　尝试在外景地拍摄的第一步很简单：与相关的人（通常是管理人员）取得联系，向他解释你正在做的事情，并且给他看你作品集中的照片。要非常确切地说明你所需要的是什么，更重要的是，你要借用这个地方多久。诸如像咖啡店和酒店这样的营业场所，在你拍摄期间还要保持正常的营业，他们也许会在一个客流量较小的时段来供你拍摄。你的组织性与专业性体现得越充分，他们对你的信任与信心就越多。

　　与场景选取相关的注意事项是：当你要在某人的私产处进行拍摄时，十分肯定的是，许可权或者特别许可证是必需的。在政府所有的建筑物（国际政要场所）中或者一些公共场所（例如游泳池或火车站）进行拍摄是不大可能的。在一些露天场所进行拍摄也同样需要获得许可，例如公园和沙滩，特别是如果它们是一个受到保护的地区时。在外景地要不停地进行调研，否则，你将会被驱逐出拍摄地，这样既会对你的拍摄带来威胁，同时也会浪费拍摄团队的时间与财力。

同样的，被遗弃的房产及其颓废的室内感觉，总会吸引着造型师与摄影师们乐此不疲地前往，但是你也务必要考虑到在这些建筑内部或者周围拍摄时的危险性。

当考虑在外景地进行拍摄时，有必要制订一套B计划，以应对天气或拍摄计划的改变。当你察看外景地使用的可能性时，还要环顾四周，看看是否有备选之地。例如，你计划在一个公园中进行拍摄，那么你就有必要找一个下雨时可以躲雨的地方。

◔ 为 Russh 杂志在外景地拍摄时尚大片。
摄影：米洛斯·玛丽 (Milos Mali)
造型：塔米拉·珀维斯 (Tamilla Purvis)

◑ 在室外场景中抓拍一个模特和普通人在一起的时尚大片。
造型：凯利·克里夫和柯斯蒂·盖迪斯 (Kelly Cliff and Kirsty Geddes)
摄影：亚历山大·洛基特 (Alexander Lockett)

前面已经提到过，采集服装属于时尚造型师的职权范围。究竟该怎样以及去哪里采集服装取决于你的耐久力、随机应变与驾驭网络的能力。同样，在为拍摄采集单品时，造型师还会带来一些自备的服装和配饰，它们也许是从造型师自己的衣橱里找到的古董服装，或者是在以前拍摄过程中积累下来的单品。通常它们都是经典款的首饰或皮带、领带和太阳镜。拥有一些基本款的服装也很好，例如一件普通的白色T恤或者衬衫。在拍摄期间，你也许可以把这些额外的单品填充于那些你需要填补的细节中，但是如果没有也没关系，还可以有其他可选的色彩或者不同的造型。此外，模特自己的服装也可以作为一种来源。可以要求模特带上一些平常穿着的服装，像牛仔裤、背心和T恤，再添加一些你想得到的任何单品。鞋子通常是很难采集到的，尤其是模特的脚很大或者很小时，那么在拍摄时让他们带上自己各种样式的鞋子将会很有帮助。

"如今，可以有很多种方式来寻找高品质的搭配单品，从eBay到二手店。"

——雷切尔·佐伊(Rachel Zoe)

建立联系

　　要想成为一名造型师，就要与时尚圈建立联系并与设计师共同工作。最好的出发地点就是你所生活的地方。可以通过在当地寻找时装设计师、首饰匠人、女帽设计师和鞋匠来扩展你的联络表。如果你在大学里，那么也许在你的周围到处都是在制作各式各样的服装与配饰方面颇具创造性的学生。挖掘这些宝贵的资源就意味着你将有机会接触到那些没人采用过或者没人见过的原创服装。如果从更为长远的角度来选用人才，那么在每年的学生毕业作品秀和展览上或者国际活动中也可以发现年轻的设计师。

　　你还可以在贸易展会上发掘服装、配饰及鞋子的品牌和设计师，例如柏林国际时装展(Bread & Butter)和巴黎成衣展(Prêt à Porter Paris)。伦敦、纽约、巴黎和米兰时装周通常不允许学生参加时装秀或者展览，但是这也无法阻止有潜质的学生获得参与的机会。

◖ 服装和配饰可以在任何地方找到，你究竟怎样去采集取决于你是否有精力和智谋。
摄影: 杰奎琳·麦克阿瑟
(Jacqueline McAssey)

采集服装

古董服装或二手服装

　　二手店、旧货甩卖、跳蚤市场、古董博览会以及像eBay这样的零售网站，都是寻找各时期服装和配饰的好地方，而且相对来说不会太贵。通过这种方式采集服装的要点是：你并不是要找一件相当古旧的物品，而是要找那些能够引起你共鸣并适合你演绎故事的物品，而且它还要很独特。那些专门售卖古董首饰或者由设计师重新组装的原创物品的专业古董店通常都非常昂贵，但是在一次次探寻中，还是有可能以合适的价格淘到真正的古玩。

家人与朋友

　　与在二手店采集服装一样，你也可以到你的朋友和家人的衣橱中去寻找。想一想，你有多少个舅妈和祖母出于怀旧情结或是还没有抽出时间整理那些特意保留着的服装吧！同样，对于你的拍摄来说，她们的古董首饰无疑是很受欢迎的，也是格外独特的。然而，使用他人的服装和首饰需要承担责任，因为它们都是不可替代的。

购买与退还服装

作为一个团队，大家会同意为服装和配饰支付一小笔预算，但是这笔钱很快就会用完。一开始时，采集服饰的工作会比较困难，常见的做法是从商店买回服装，然后再去退还。然而，有些商店并不接受某些品类服装的退货，例如内衣、泳衣或者贴身衣物。同样地，在大多数商店里，耳环也是不接受退货的。你和你的团队将要决定最优的采集方式，而且要记住，保管好服装是造型师的责任。你要确保商店可以接受退货，并且还应写一个字条注明退货期限及条件。要非常小心谨慎地收好包装和手提袋，而最重要的一点是：一定要收好收据，把它们放在安全的地方，给每件物品标注好属于它的收据。

◐◑ 运用从古董店和市场上找到的服装进行样式组合。
造型: 克莱尔·巴克利 (Clare Buckley)

定制

定制意味着为了给服装带来新风貌而做的任何处理，从染色到用针固定、抽褶、折叠、剪裁还有开衩。这种重构是一种具有创造力的服装再创造的方法，而且，当你就地取材，运用一些廉价、基本的物品时，往往会取得很好的效果。对服装进行后期的加工，如刺绣、穿珠、镶嵌宝石或者简单手绘，都可以使原本朴素的服装旧貌换新颜。也可以考虑使用摹写纸，用上你自己设计的图案。此外，除了缝纫用品，你还可以尝试把从五金店中找到的物品定制于服装上：电线、绝缘胶布，甚至螺母和螺栓，都可以用于服装或者拍摄中。如果你有服装设计、纸样裁制或者服装结构方面的知识，你就会以不同的方式制作服装，比如解构服装——拆开接缝、移除袖子与领子——重构一个完全不同的款式，这样就可以创造出一种非常独特的风貌进行拍摄了。

　　作为一名造型师，在一开始的时候，你将会在寻找道具方面下很多的工夫。在预算不足的情况下，你可以从道具屋租赁道具，这就需要你必须将谈判技巧发挥到极致。保持创造力是一个持续不断且很有意义的挑战。在没有预算的情况下进行拍摄将会考验你的创造力，然而，如果你想成为一名成功的造型师，创造力将是你最大的资本。

◖ ◗ 日常道具的创造性运用：木质勺子和盆栽植物。
摄影：米洛斯·玛丽 (Milos Mali)
造型：克莱尔·巴克利 (Clare Buckley)

二手道具

　　二手店、旧货甩卖还有网站都是采集富于想象力的、奇形怪状的道具的好去处，否则你就只能到道具屋中去寻找了。和服装一样，二手家具与道具都是可以购买和定制的。对于一些慈善商店（旧货店）来说，他们允许你借用他们的小型受赠家具，并要求在拍摄完后归还。你可以根据自己的需要将不太昂贵的家具重新油漆或者做旧。然而，你需要安排运输工具把大件物品运送到工作室或者拍摄外景地。各种样式的家居用品和家具，都可以找到二手的，如花瓶、装饰物还有靠垫等。绘画作品、照片和框架会给房间的布景带来新面貌。像杂志、书籍、花和植物之类的日常用品都很容易找到，但是你的摄影通常需要一些特殊的道具，这也是考验你调研能力的时候。你可以运用网络（像eBay这样的网站）去寻找一些稀奇古怪的道具。

拍摄外景地的改造

在影棚中制作布景指的是在墙上进行彩绘、铺设地板并将家具移入场地内。或者，当摄影及时地捕捉到某个瞬间时，可以临时改变拍摄环境，在一定程度上重新布置一下大多数的房间。通过移动或覆盖家具、从墙上取走图片，可以改变场景的面貌；墙纸和背景可以先暂时挂起，并以一种具有想象力的方式将面料悬垂下来。当拍摄结束后，拍摄现场可以恢复到原来的样子。但是无论你决定做什么，你总会需要一个团队或者一个助手来协助你完成这项工作。

现成道具

将拍摄定位于一个已经容纳了完美道具的空间可以节省很多时间，而且比借用或租赁昂贵的道具或者试图在影棚内搭建一个室内布景要容易得多。酒店或时尚公寓为造型师提供了在现代空间内工作的机会，这些地方装饰有诸如现代灯光、平板电视或者艺术音乐系统等高端产品。

◑ 运用不同材料在影棚内营造
一种场景的感觉。
摄影: 亚历山大·洛基特
　　　(Alexander Lockett)

◐ 通过个人物品的折中混搭来
装点一个场景。
造型和摄影:
霍利·阿什布鲁克 (Holly Ashbrook)

◀ 模拟拍摄过程的时尚大片。
摄影：米洛斯·玛丽 (Milos Mali)

所有的时尚拍摄都需要提前制订计划以确保工作尽可能顺利地进行。承担此角色的人需要由团队讨论决定，但摄影师和造型师常常会分别制订计划，或者引入另一个人，否则工作量就会变得很大。请考虑以下问题。

- 首先，每个人是否都有时间？如果创意团队成员或者模特正在上学，时间方面就会存在问题，就要在学习或工作之余挤出时间拍摄。
- 在制订计划阶段，外景地的拍摄许可就应该着手安排了。应确保团队可以拥有身份证明或者同意拍摄的介绍信。电子邮件的通信记录应该随身携带。
- 对外景地的使用范围做记录，尤其是户外空间。在后勤方面，如果有一大群人参与其中，拍摄将如何开展？
- 确定设备的电源插座位置，例如照相机、灯光和笔记本电脑。
- 是否拥有模特更衣的设施？有没有可用的卫生间？
- 考虑创意团队、模特、服装、设备和所有道具的交通运输问题。如果你是驾车前往，是否有停车场以及是否是免费的？是否需要提前安排获准许可证？

The colour red is a strong, hot colour which symbolises many conflicting emotions such as love, sin and violence. Red symbolises Cupid but also the Devil. It is recognised as a stimulant provoking excitement & energy but also a sense of protection from fears and anxiety.

Sophie Gibson

Model:
Amaryllis
Height: 5'2"
Hair Colour: Red

Photographer:
Amanda Littler
www.amandalittler.co.uk

Jenni Boyle - 1st year photography

Models & Photographer

Hair & Makeup

We looked at surrealist such as Maggy Taylor, Philip Treacy Couture, Salvador Dalí, Claude Cahun, Judee Eiivedottir and Meret Oppenheim because it linked with the dream/fantasy narrative that we wanted to create.

Mary Antoinette was the inspiration for the style hair and makeup, we felt the clothes reflected this era. This took on a darker more exaggerated look when we looked at surrealism.

hibition guide

gels of Anarchy
men Artists and Surrealism
September–10 January
nchester Art Gallery

⬥ 由丹尼尔·伯恩、林赛·沃尔顿和弗朗西斯卡·亚当斯（Francesca Adams）制作的一系列情绪板，反映了拍摄的许多阶段：灵感、场景、选取模特及发型和妆型的创意。

设备

　　所需的设备类型在很大程度上取决于工作的地点。配备完善的影棚将会拥有各种设施，例如挂杆、熨斗和蒸汽机，因此你不必再采集并运送它们到拍摄现场。如果你想使用一个以前从未用过的影棚，那就要检查一下那里都有什么设备，千万不要认为那里有你需要的一切。在外景地拍摄将会十分不同，你将带上所有相关的设备，包括服装和配饰，这些东西会占用很多空间。因此，所有事物都需要进行系统地组织。

　　造型师应该具有一系列必不可少的小物件，并可以轻松地将其从工作地点之间来回搬运，通常是一个多功能的箱子或者袋子。如果你是一个专修艺术和设计专业的学生，你就已经拥有大部分物品了。

造型设计的基础装备

- 不同型号的剪刀和不同的材料，例如面料、纸
- 皮尺
- 大头针，安全别针
- 各种型号的夹子，可以临时调节和固定较宽大的服装
- 手针和各色缝线
- 用胶带纸保护借来的鞋子的鞋底。
- 用来固定或者修整底边的双面胶
- 内衣肩带可以将服装固定于人体之上
- 透明鱼线很适合于将服装悬挂起来，常常会用于静态造型设计和视觉营销
- 拆线器可以拆除底边和接缝处的缝线
- 蒸汽熨斗
- 熨衣板和熨袖板——这些都应该是轻巧且便于携带的
- 滚筒式粘刷或服装刷可以去除服装表面的头发和纤维
- 衣架
- 服装包装袋可以在运输和拍摄过程中对服装进行保护和整理
- 带轮的袋子或者旅行箱可以运送服装、配饰和杂物

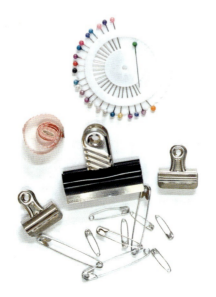

◗ ◗ 造型设计的基础装备精选，小型便携式蒸汽机和蒸汽熨斗。

当你需要一个较为昂贵的设备时，你也许会决定投资购买。服装蒸汽机使用起来很方便，而且对于那些具有复杂结构和精美细节的服装来说是很适用的。它们都使用较大的水箱，这就意味着，如果你使用小型家用的蒸汽熨斗，那么你会熨烫很长时间。专业化的蒸汽熨斗是很贵的，小型或者便携式的蒸汽熨斗则不会太贵，但是只能装少量的水。对于拍摄前和拍摄过程中服装的吊挂和整理来说，带轮的服装挂杆是非常理想的。挂杆的型号和价格差别很大，有可能的话，可以从高街店铺中购买一个家用的挂杆，或者从时装零售供应商那里购买更为结实一点的专业挂杆。最理想的是，你所使用的任何挂杆都是可以折叠或者很容易拆卸的，这样就可以放进轿车里运送到外景地。

摄影设备实际上是摄影师最关心的事情，除了照相机和灯光，他们还会需要各种不同型号的镜头、反光镜、梯子等。如果你足够幸运的话，摄影师会有自己的部分或者全部所需装备。但如果没有的话，也可以从朋友或者学校商店那里借用，或者从照相机租赁店租用。如果你在没有电源的室外或者室内拍摄，你还会需要蓄电池来带动你的设备。同样地，摄影师也会拥有自己的蓄电池。

如果所有设备都需要搬运到外景地，那么安排可靠的运输是很重要的，这些设备的安全性同样也很重要。在秀场或者没人看管的汽车或者开放式的外景地拍摄时，千万不要远离昂贵的设备。如果不能总把它们带在身边的话，你可以委托一个助理在拍摄过程中看管它们。

非常有必要在拍摄前与团队进行充分的沟通，以便使创意得以强化，如果可能的话，可以给全体团队成员开一个会。会议应该将创意理念和拍摄、模特挑选、外景地选取和姿态方面的全部视觉化参考资料进行重新整理，同时还包括对服装、发型和妆型的选择等进行最后的讨论。会议应该使每一位团队成员都清晰地知道故事和时间的安排。

在最终拍摄的准备过程中，做一些摄影前的测试也是很有用的，尤其是对摄影师而言。如果一个模特来不了，可以让一个朋友或者助理扮演模特的角色，就像模特那样站在外景地或者影棚的空间中，随后，摄影师进行一系列的试拍照、设置灯光以获得想要的效果，并制订出当天的拍摄计划。如果模特和服装都能找到的话，就可以拍一组完整的样品，将所有的创意想法都付诸实践，并了解还可能会发生的变化。团队将会审视这些样片，在最终拍摄之前进行有关服装、妆型、灯光和场景方面的所有选择。

⬤ 拍摄创意的色彩和灯光测试。
造型及摄影：安德里亚·比尔林 (Andrea Billing)
凯特·吉尼 (Kate Geaney)

日程表

　　拍摄是一个复杂的制作过程，为了将许多人、服装、道具和设备集合在一起，使所有这些要素同步进行，就需要建立一个日程表。日程表将会提供细节信息给创意团队成员及其助理：他们的名字及在拍摄中的角色分工，连同他们的通讯细节。而且还需要一些文字来详细说明"日程表"，其中包括拍摄什么时间开始、外景地址、交通的细节，也许还有外景地的地图和所有餐饮服务方面的细节。

　　为了有助于时间管理，还应该按照一个具体时间表来行动，将拍摄过程分解成实际可行的时间表。例如，需要拍摄10组照片，也就是说上午要拍摄5组，下午再拍摄5组。这可以保证团队在整个拍摄过程中都能够按部就班地开展工作。在日程表中也可以记录特别的要求，例如模特是否可以"带上黑色高跟鞋"这样的问题。随后，就可以在拍摄前的一到两天，将文件以电子邮件、传真的方式分发给团队中的每一位成员。

　　所有的人和物品都能在正确的时间到达正确的地点是一种专业化的工作方式，同时也是很有意义的事情。如果一个团队成员来晚了或者他在去外景地的路上迷路了，他就可以参考日程表中的地址或者地图，或者与团队成员联络以获取进一步的方向指示。

"美国舞男"拍摄的日程表

　　拍摄日期：2010年10月25日
　　到达时间：上午9点～下午7点于影棚
　　外景地：英国中央兰开夏大学（UCLAN, University of Central Lancashire）的媒体工厂
　　联络人：克莱尔·巴克利
　　摄影师：戴夫·斯科菲尔德
　　拍摄助手：约翰·巴特沃思
　　造型师：克莱尔·巴克利，指导教师；二年级时尚推广专业的造型设计学生
　　造型助理：二年级时尚推广专业的造型设计学生
　　模特：阿曼蒂尼〔Amadine〕、朱丽〔Julie〕、可可〔Coco〕
　　模特监护人：丹尼尔·伯恩和柯斯蒂·盖迪德斯
　　发型师：玛迪·琼斯〔Martyn Jones〕
　　妆型师：尤尔根·格里高利〔Jurgen Gregory〕
　　餐饮服务：克莱尔·巴克利和负责时尚推广的造型设计团队将会提供食物和饮料
　　具体时间表：
　　上午8:45 模特监护人挑选模特
　　上午9:00 小组到达影棚
　　上午9:15～10:30 做发型和妆型，搭建拍摄现场
　　上午10:30～11:00 造型设计
　　上午11:00 拍摄开始；第1组、第2组、第3组
　　下午1:00 全体人员就餐
　　下午2:00～5:00 拍摄第4组、第5组、第6组
　　下午5:00～6:00 全体人员清理现场并收拾影棚
　　下午5:15 模特监护人送模特去火车站

黛安娜·弗里兰
(1903—1989)

黛安娜·弗里兰(Diana Vreeland)是一位杂志编辑和时尚偶像。她在*Harper's Bazaar*重新塑造了时尚编辑的工作，她在那里工作了25年，挑选服装并监督所有拍摄过程。随后，她成为*Vogue*杂志的主编以及大都会艺术博物馆服装研究院的顾问。

"黛安娜·弗里兰，曾经是而且至今依然是唯一的真正的时尚编辑。"

——理查德·艾夫登
(Richard Avedon)

🡰 为*Guardian: Weekend*刊物拍摄的时尚大片。
摄影：伊兹拉·帕特切特 (Ezra Patchett)
造型：克莱尔·巴克利 (Clare Buckley)

搭配服装

选择和搭配服装的过程可能是时尚造型师工作中最神奇的部分了。准备和组织很关键：提前获得服装的时间越多，进行各种风貌的搭配试验及完善想法的时间就越充分。拍摄前的搭配整理也很有帮助，可以判断哪件服装效果不好或者必须去寻找替代品。然而，令人遗憾的常见情况是，在拍摄的前一日或者是拍摄的当日，尤其是找遍了当地设计师或零售商才租借到了服装。同样，如果是让模特自带服装来拍摄，那很可能直到拍摄当日你才能看到它们。造型师经常会和那些从未近观或者根本没见过的服装打交道，所以，思维敏捷、反应迅速就成为造型师素质的重要组成部分。

当你拿到送来的服装时，需要列出一份租借物品及来源的详细清单。拿出服装，把它悬挂在挂杆上或者放在干净的地面上后，将不同风格的服装进行组合、加入创意，开始对服装进行搭配整理，并在脑海中考虑拍摄的主题。然后在模特或者朋友身上试穿每一套组合搭配的效果。注意：服装穿上身后的效果是因人而异的。运用首饰、鞋子和袜子充分装点服装。最后，对每一套搭配拍一张照片，这不只是为你自己做记录，而是要在拍摄当天给拍摄小组的成员看。

你准备得越充分，在拍摄中所体现出来的创造力就越强。随着环境的改变，服装搭配的风格也会改变，而最初的设想可能完全不起作用。在拍摄当天，你需要对那些不太合适的服装进行搭配整理，但是为了对拍摄有所帮助，你必须十分确信已经准备好替代品。最后，必须熨烫所有的服装，并放置于衣架上和服装包装袋中，做好运送到外景地的准备。

▶ 题为"女同性恋者"的时尚大片的两种风貌。
摄影：安东·泽姆拉诺 (Anton Zemlanoy)
造型：玛莎·维托斯基 (Marsha Vetolskiy)

作为拍摄的重要成员，造型师必须努力工作以确保拍摄尽可能地顺利进行。当很多人到来之后，他们的手包和外套被挪来挪去，服装和设备需要卸货，拍摄很容易陷入一片混乱之中。但在任何时候都要遵守影棚的纪律，就是说要遵守影棚或者外景地的规则：食物或饮料不允许带入影棚；不能穿着鞋子在背景布上走动，要光着脚或者穿上袜子。还有，要对外景地的坏天气做好准备，带上雨衣、毯子并在瓶中灌上热饮，以确保模特处于暖和而舒适的状态。

在发型和妆型上花费的时间通常会比预想的长，因此，你越早开始越好。能够找到一个空间存放服装、配饰和鞋子，例如在挂杆或者桌子上。试着将所有物品都放在你能够看到的地方，因为你会很容易忘记你所采集的物品。检查并找出需要进一步熨烫的服装，将服装按顺序摆放好，并将与之搭配的配件也放在一起。如果你有时间的话，可以在模特身上进行试穿，尤其是哪些先前没有机会试穿的服装，否则，你就只能在两组拍摄的间隙匆匆地进行试穿了。

◐ 模拟拍摄样片的时尚大片。
摄影：马库斯·帕尔姆奎斯特和弗洛德·弗耶丁斯泰德 (Marcus Palmqvist and Frode Fjerdingstad)
造型：琼·纳卡莫托 (June Nakamoto)

与摄影师和模特合作

首先，你需要和团队一起讨论要拍摄的着装风貌，并给模特换上服装。模特站在拍摄空间内准备拍摄之前，要确定灯光和照相设备运转正常。摄影师做好准备开始拍照时，你还可以对服装做最后的调整。用夹子或者大头针在服装背后进行固定，通过收紧腰部或者臀部改变服装廓型。很肯定地告诉模特你的角色分工：什么是必需的，而且是由你——造型师，来对服装进行调整。新模特常常会自己调整服装，如果服装本身已经处于很完美的状态，或者需要花费很多时间来帮助模特摆造型，那么这种调整就会令人很恼火。

站在摄影师的背后，你可以看到他/她所看到的一切。如果摄影师注意到一个服装上的问题，要求你去进行修正，你应该立刻知道他指的是什么，因为你的视线和他是一样的。站在后面，也意味着你不会挡住摄影师的视线或者进入照片中！如果你需要进入现场去调整服装，并且这样做了，摄影师会等着你，直到你在下次拍摄前完成。偶尔，一个造型创意并不像你所设想的那样美好时，就需要继续尝试另一个创意而且要用更有趣的事物来替代。要记住，这是一个实验性拍摄，它考验的就是你的造型创意。

随着拍摄的进展，摄影师会在笔记本电脑中对最佳效果的照片进行挑选，这样整个团队就可以看到主题的发展。若你想要对第一种组合进行重新搭配，那么为拍摄当天事先准备好的搭配风貌就可能会发生变化。例如，你有很多很好的全身照，那么团队就可能会决定拍几张模特头部和肩部的局部特写。这也许会改变你原定计划中其余的工作。如果是要拍头部的特写，就不用考虑模特下半身的服装和鞋子，而且可能还需要添加首饰、领子、帽子，或者还需再考虑妆型和发型，因为它们已经构成了图片中最突出的部分。

◐ 在外景地进行时尚拍摄的幕后花絮。
造型：夏洛特·莱特伏特
(Charlotte Lightfoot)
摄影：凯利·科克兰 (Kelly Cochrane)

服装保管

服装由造型师完全负责，主要指拍摄之前、之中以及之后的服装保管工作。你工作时，要使服装处于有序而整齐的状态，如果你有助理，可以让他帮你把不需要的东西打包带走，把服装放到原来的衣架上，鞋子放回鞋盒里，用薄纸或标签把物品重新打包。用这种方式管理服装，意味着当拍摄结束时就不需要过多地收拾了。如果你只有一个窄小的房间，要在里面进行拍摄、打包和搬运的话，这种保管方式是很重要的。

拍摄结束后，最好是在第二天将所有租借的服装都还原为最初的包装。很不好的做法就是一直拿着服装，如果你这么做的话，那么你下次再到相同的地方借服装就不容易了。列出一个需要归还物品的清单，写上什么时间还、还给谁。

进行实验性方案的拍摄

要想在一次拍摄中实践如此之多的创意想法完全是异想天开的事情，团队要带上很多东西，会在一张照片的拍摄上花费很长时间。尝试着坚持实验性的方案，并参考日程表不断推进拍摄进程。尝试去拍摄你想要的照片，而且在一天结束之后，如果你有时间的话，还可以做进一步的实验。最后，当你在影棚或者外景地工作时，一定要遵守约定的时间。在专业摄影中，你将要仔细检查你的时间分配。

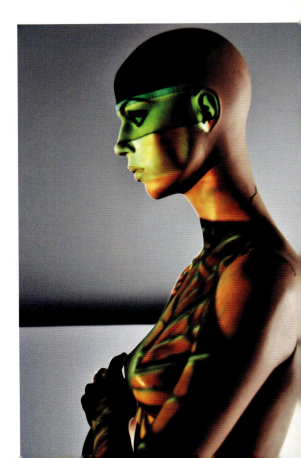

▶ 运用投影作为实验性大片的创意。
摄影：莫伊拉·斯普朗特 (Moira Sprunt)和亚当·比兹利

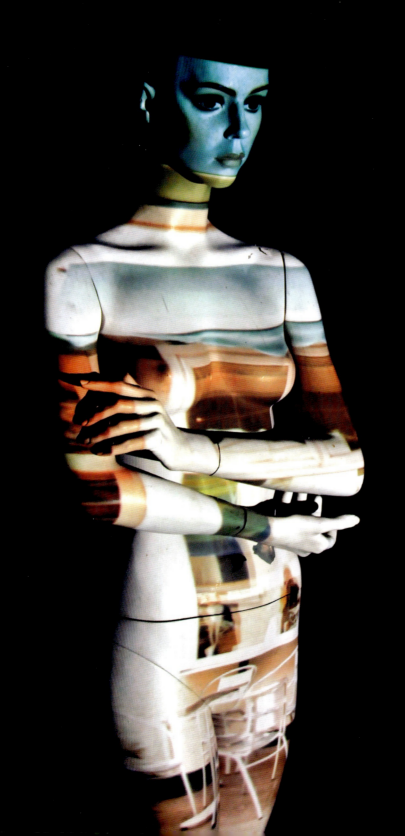

关照模特

　　缺少经验的模特都会有尴尬、害羞或者不安的感觉。你应该向他们完整地讲解你拍摄方案的创意以及在工作中帮助他们拓展角色的表达能力。在时尚拍摄过程中，造型师会给予指导，摄影师也会非常投入，在情绪、姿态和面部表情方面给模特以全面的建议。告诉模特如何做动作，就意味着你必须先来做示范，而且还可能包括跑或跳，或者创造复杂的造型和姿态。有时，模特不得不在很长一段时间内保持一种造型。结合你所提出的要求和模特工作的时间，使他们有规律地休息，但是绝不能影响拍摄方案或者拍摄进程。

▶ 拍摄现场的模特和场外休息的模特。
造型：卡罗琳•夏德维克 (Caroline Chadwick)

餐饮服务

　　为时尚摄影提供餐饮服务并不是十分昂贵、奢侈的事情。准备好午餐盒饭是非常节约成本的做法，可以在拍摄前为单人或多人制作。要确保制作和购买的数量充足（早餐或午餐，小吃），以便维持到全部拍摄结束，因为团队要拍摄很长时间。还要准备好充足的饮料，对于模特来说，水是必不可少的。当团队休息吃午餐而且拍摄要准时进行时，大家最好在相同时间一起吃饭，这样就可以使团队停下手中的工作，"静坐"一会儿并做短暂的休息。对于模特来说，化着妆、穿着昂贵的或者束身的服装大吃大喝是很困难的，因此最好能让他们有一个彻底的休息。当然，如果拍摄没有推后，那么你就可以坚持按照日程表中的时间进度工作。如果拍摄推后了，你又要赶时间，就要想办法确保模特能最先吃饭，但是也许不能坐很长时间。随后团队可以在模特工作时吃饭喝水（但不是在影棚内）。

　　永远要尊重你的环境，并在拍摄完成后及时清理干净。这可能包括扫地、擦桌子和清空垃圾桶。直到这些全部结束，拍摄工作才能结束，在整个团队离场时要确保周围的一切环境整洁如初。

编辑照片是整个拍摄过程中最重要的部分，应该给予认真考虑和充分的时间。选片的做法也不尽相同，这取决于造型师与摄影师之间的关系。一些时尚造型师/编辑与艺术总监合作密切，并参与最后的选片。在一个商业化的工作任务中，造型师也许不需要对照片编辑发表任何意见，因为客户再加上艺术总监、平面设计师等已承担了这个角色。然而，在实验性的拍摄中，你可以参与选片和修片，而且最好能够尽快进行修改。可以在拍摄前与摄影师就什么时间和怎样修改达成一致意见，并试图在设定的期限内完成。

◖ 对拍摄进行回放并挑选合适的照片。
造型：凯利·克里夫 (Kelly Cliff)
摄影：亚历山大·洛基特
　　　(Alexander Lockett)

◗ 一个时尚大片拍摄的连续版照片。
摄影：米洛斯·玛丽 (Milos Mali)
造型：克莱尔·巴克利 (Clare Buckley)

选片

　　在拍摄过程中进行编辑是比较容易的，因为你对已经拍摄的照片非常了解。意见会因团队成员的个人品味不同而存在差别，但是造型师应该对最终的照片投入更多的精力。你可能会很快浏览所有照片或者允许他们先修改一些照片，然后放在一起看，以决定哪个效果做得最好。理想情况下，摄影师将会浏览所有照片，并将每一组中最好的照片先挑出来（可能有5~10张）。选片可能会是一个困难且花费时间的过程，要从一天之内拍摄的上百或上千张照片中进行挑选。

　　要根据最初的主题来考虑模特的情绪、精力和身材，避免犯一些很明显的、在后期制作过程中无法修正的错误，诸如没有打开闪光灯、模特眨眼了、姿势不讨好而使模特看上去仿佛没有手臂或脖子。这些照片要立刻删去。一旦团队对最终选出的照片很满意了，你就可以在这些照片中进行实验处理，给照片赋予主题，并思考如何将这些照片进行组合以获得流动的感觉。

后期制作技术主要指运用电脑软件（如Adobe Photoshop）增强和变换不同的照片效果。照片进入修改阶段后，尽管造型师和大多数艺术与设计专业的学生掌握软件的能力都很好，但经常要对照片的数字化处理负责任的仍是摄影师。你可以选修照片编辑方面的课程。照片处理可以有很多种形式，数字化的编辑技术有无穷无尽的可能性。模特形象可以从最初的外景地移出，放入另外一个外景地，他们的头发和眼睛颜色都可以改变，或者照片还可以转换成为一幅插画。如果摄影师对照片进行实验性编辑，团队就可以在一起讨论什么样的编辑类型最适合主题，需要使用多少种不同的效果。

◖ ◗ 后期制作过程中所应用的色彩变化。
造型：安德里亚·比尔林 (Andrea Billing)
摄影：亚当·比兹利 (Adam Beazley)

照片处理和润色

可以通过改变明度、明暗对比效果以及降低饱和度（除去色彩，在黑色和白色之间变换）来改变整个照片的效果。还可以通过"清除"除去不完美的瑕疵，例如背景纸上的印记或者拍摄时造型师的手。从这个意义上来看，模特的头发和皮肤上的斑点也可以被除去，还可以除去透过化妆显现出来的黑眼圈或者脸上掠过的散乱发丝。

◐ ◑ **后期制作创意的实验性探索。**
造型：克莱尔·约翰逊
(Claire Johnson)
摄影：劳拉·伊·奥利弗
(Laura E Oliver)

◁ 拼贴排版：图像重叠、撕片和覆
盖排列的图片。
造型：凯特·吉尼(Kate Geaney)
摄影：林塞·基尔–考克斯
　　　(Lindsay Jill-Cox)

▷ 帕特里克·沃赫为博优工作室制
作的艺术作品。
摄影：阿拉斯黛尔·麦克勒兰
　　　(Alasdair McLellan)
造型：珍妮·豪 (Jane Howe)

排版

　　照片常常是创意过程的起点，而非终点。
排版为你提供了发挥创造性技术的机会，可以
实验性地进行简单或者创造性地剪裁，可以以
数字化或手工的方式对照片进行重叠或拼贴，
然后剪切设计一个时尚大片，并将照片按时尚
杂志的版式进行布局，有标题、正文和图片。
可将图片和完整的文字描述按照类似样品画册
的形式编排，或者按带有商品标志的促销广告
编排。

　　作为另一个选择，也可以将照片完美地打
印出来，简单地排列在作品集中而无需排版。
考虑到个人喜好，图片版式会因造型师、摄影
师和妆型师而异。

◀ 川久保龄男装(Comme des Garçons Homme Plus)2011年春夏T台秀。
来源：Catwalking.com

2009年，英国的网上时装零售总额达到并超过了170亿英镑。在网络上，作为最畅销的产品，女装和男装的销量仅次于书籍和CD盘。时装消费者需要能够快速而清晰地浏览产品，因此站内导航以及对产品细节的描述应该简洁明了。看一看大多数时装零售网页，你可以看到海量的产品和图片。电子零售商可以在每周内推介上千种产品。为网络做商业化造型设计与为印刷品进行商业化造型设计在很大程度上是一样的：都需要相同的技术和技能。然而，为了能够满足产品数量和不断上传速度的需要，这就要求造型师的工作要相当快速和精准。

◗ ◖ ASOS网站中模特穿着服装走秀的微型影片剪辑。

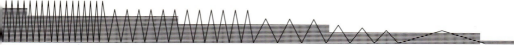
动画和交互

对于消费者而言，能够尽可能近距离地观看产品是很重要的。因此，网上的色彩、面料和肌理、装饰和细节等都要达到网络技术所能呈现的最佳效果。如今，网页中常用的工具能够允许购物者运用鼠标调节服装的远近并旋转。这种技术被专门用于产品照片中，例如鞋子，从不同视角获得的廓型以及鞋跟的高度都在购买决定中起到重要的作用。这种方法常常需要正面、背面的照片，如果可能的话，还需要侧面的照片，还包括强调图案或装饰细节的近距离照片。

定格动画可以用来创造产品的360° 全景视角，或者更细节的视角。这种技术包含着一系列单独拍摄的照片，当图片连续播放时，产品就呈现出运动状态。这是进行产品造型设计的一种创造性方法，它可以获得有趣的细节，例如打开的手包中可以显露出具有对比效果的衬里。

大多数时装网站都通过将服装展示在模特架或真人模特上表现其廓型和试穿效果。这种方法已经逐渐成为时装电子零售的标准方式。电影剪辑也被成功地应用于电子零售中，伴随着很酷的原声配音，每一个画面都可以为消费者带来"专属"的T台展示效果。

在线杂志

　　大多数印刷出版物都与网站签署了协议，网站可以提供印刷品所不能提供的项目，例如带有声音和运动感的图片。在这种情况下，网上出版物可以展示访谈、时尚广告或者音乐视频。当今，数字化出版物和印刷出版物彼此十分和谐地平起平坐——*Dazed & Confused*发行了*Dazed Digital*；*Love*杂志还专门为iPad推出了iTune应用版——但是不能确定，数字化与印刷品的未来将如何发展。在线世界的即时性是否会对月刊、季刊或者一年两期的出版物带来的较长交货期构成挑战？

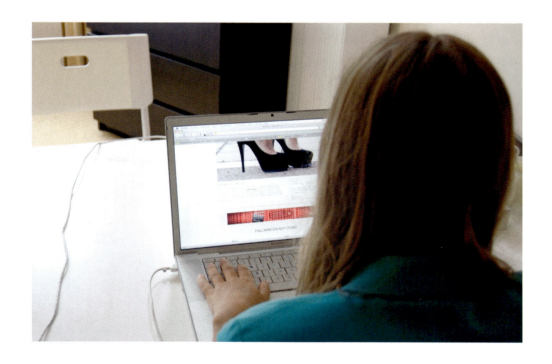

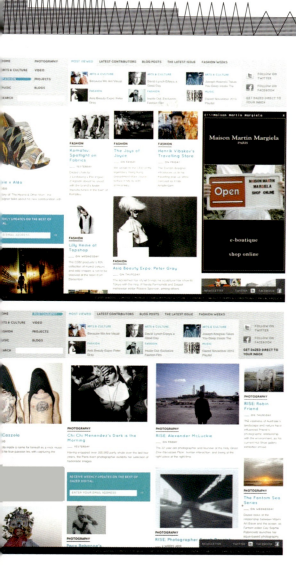

博客

　　网络已经催生了个人出版物：博客（网络日志）使得每个人都可以表达自己对时尚的看法。博主的核心要务是撰写文章以及把博客当作日记来凸显其个人兴趣和研究，通过上传他们自己的图片展示其个性化的时尚感觉，并且与其他具有相似观点的博主进行沟通交流。对于你来说，开辟博客是一个很好的途径，你可以对时尚进行调研并做出反应，而且还可以锻炼写作能力。时尚博客已经逐渐成为一个很棒的调研工具：它们的亲和性意味着时尚设计师和造型师可以很容易地了解世界各地的年轻人正在讨论、阅读、购买和倾听的事物。拥有大量追随者的非专业博主也逐渐以自己的方式获知了那些只有更主流的时尚记者才能知道的事情。像苏珊娜·劳(Susanna Lau, stylebubble.typepad.com)和塔维·杰文森(Tavi Gevinson, thestylerookie.com)这样的博主已经能够与很多声名显赫的时尚媒体一同出现在国际秀场的前排中。

▶ ◀ 时尚博主苏珊娜·劳和萨伯睿娜·梅杰尔(Sabrina Meijer)。

◔ *Dazed Digital*是*Dazed and Confused*杂志的在线版本。

无论是首席设计师的高端产品展示活动，还是一个购物中心的促销时尚活动或是小规模、低投入的学校展示，T台展示及活动为造型师展示其创造力和天分提供了绝佳的机会。T台展示仍然很受欢迎，因为观众可以亲眼目睹时装表演，观看动态的服装以及面料和色彩如何在灯光下变幻。

很显然，不同类型的T台展示会拥有不同的观众。以媒体和买手为主的展示（如在纽约时装周上的展示），常常会尽一切可能地宣传设计师，这些展示的报道将会在全球范围内的报纸和网站上传播。品牌发布会将给中低端市场的时装设计师和时装买手带来影响，并提供对季节性流行趋势的第一印象，而这些趋势正是他们未来的投资方向。

零售展示贴近当季进行发布，主要为购买人群提供在店里可以买得到的产品和流行趋势，还有它们的组合穿法。这些展示主要在大型购物商场中进行，由挑选出来的店铺提供服装。慈善性的T台展示主要用来募集资金，而且还可以是参与其中的设计师或者零售商的促销手段。

⬥ 威廉·泰姆佩斯特(William Tempest) 2011年春夏秀场的后台（上图）。
来源：Catwalking.com

◐ 理查德·尼可尔（Richard Nicoll）2010年秋冬和2011年春夏秀场的后台。
摄影：贾斯汀·格瑞斯特 (Justine Grist)

时尚活动

　　除了T台展示，造型师还常常会为一些与时尚相关的活动工作，如派对、店铺开张、媒体宣传日以及时尚新品、香水、化妆品等的发布活动。这些活动常常在零售店、酒吧、俱乐部或者租用的专用场地举行。造型师会被聘来展示服装或美容产品，或者装点一个空间。对于宣传众多时尚产品的新闻发布会，例如一个销售许多不同系列产品的邮购公司，造型师将会着手将这些新品整合成一个较小的、联系紧密的、引导潮流的主题。通过这种方式编辑新品，像时尚编辑这样的媒体访问者就可以清楚地看到这些服装究竟怎样才会适应自己的时尚大片。

"你必须习惯于设计师的思维模式。你要时时刻刻（每周7天、每天24小时）为他们着想，把如此多的时间、爱和呵护融入其中。"

——索菲娅·尼奥斐托
(Sophia Neophitou)

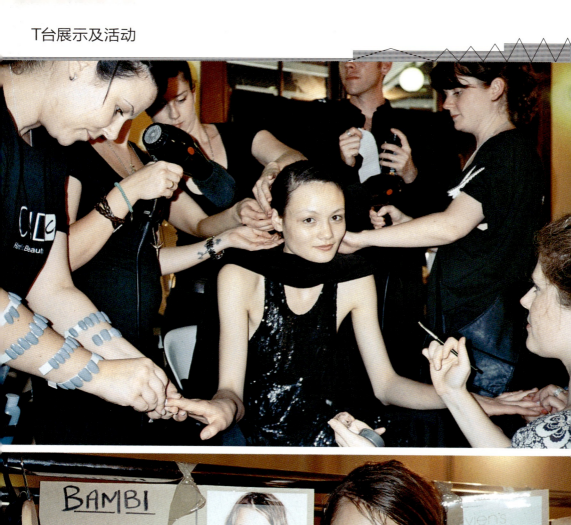

发布会的制作

　　一场T台发布会主要是人力分配的问题，而且常常要对活动之前与过程中所发生的一切事宜予以指导协调。然而，根据发布会的规模，造型师可以决定投入多少精力来使服装在T台展示时更具效果，这还需要灯光、编舞和音乐方面的配合。

　　时装被展示于T台上，就要接受观众全方位的观察，因此，造型师的责任就是要确保服装尽可能完美地适合于穿衣模特。夹子和大头针可以用来调节印刷品中的服装，但是不适合于T台展示。T台上的时装是现场表演的一部分，它必须能形成一种视觉冲击力，吸引观众并抓住他们的注意力。带有强烈戏剧化色彩的服装常常会有很好的效果。

　　在T台展示中常常会听到后台发出很大的嘈杂声，但是当模特鱼贯而出时，后台的杂乱就消散了，观众将会热切期待观看一场流畅的、具有专业水准的发布会。如果为T台展示做造型设计对你有吸引力的话，对你而言很明智的做法就是在后台当穿衣工，在那里你可以目睹到令人兴奋的、混乱的幕后景象。学会如何在既定时间内为模特穿衣服将会使造型师深入了解其中的重要信息，例如哪些造型技术会起作用或不起作用。在一场较小型的发布会中，串场速度会加快，而且模特要迅速回到后台，没有时间去更换假发或者手套，因此造型创意要与之相适应。同样，具有复杂穿法的服装需要首先出场，以避免延误时间。

◐ 埃勒里(Ellery)2010年秋冬发布会的后台。
摄影：卡梅隆·史密斯 (Cameron Smith)

◐ 艾米里奥·德·拉·莫瑞娜(Emilio de La Morina)2011年春夏发布会的后台。
来源：Catwalking.com

大众从没有像现在这样如此清楚地了解时尚资讯的"内幕"。现在每一个人都有可能在网上几乎"同步"地观看到伦敦时装周的发布会或者在视频网站上观看法国 *Vogue* 杂志时尚大片拍摄的幕后花絮。

2010年，巴宝莉(Burberry)发布2011年的春夏系列设计，并邀请了来自世界各地的消费者到巴宝莉的店铺。巴宝莉还在另外的地点同时举办了一场传统的时装秀，消费者可以直击T台并订购他们所喜爱的款式。在时尚界，从静态图片到动态图片的转变速度非常快，在新千年纪念时，正是时尚影片吸引了设计师和图片制作者的想象力。尼克·奈特的网站SHOWStudio打入了这一领域，将拍摄和时装秀场的幕后花絮以及顶级设计师、模特和造型师的各种各样的多媒体项目进行现场直播。加勒斯·普(Gareth Pugh)2010年秋冬的发布会由鲁斯·霍格本(Ruth Hogben)拍成影片，由SHOWstudio播放给巴黎的买手和记者，取代了传统的T台展示。其他设计师和时尚品牌也逐渐开始进行时尚影片的试验，但与印刷媒介一样，时尚影片仍然无法取代现场发布。

⬥ 亚历山大·麦克奎恩(Alexander McQueen)将他2010年春夏的展示整合为一个影片，那是一部由尼克·奈特(Nick Knight)拍摄的数字影片，以拉奎尔·齐默曼（Raquel Zimmerman，巴西名模）为特色，T台和展示背后是18米（60英尺）的LED屏幕，通过成对的自动相机向全世界转播，并在SHOWstudio网页上直播。
摘自：Catwalking.com

"当我们创办SHOWStudio时，'那里'有我十分信奉的东西。第一点是过程，第二点是完美，第三点是动态时尚。"

——尼克·奈特(Nick Knight)

克莱尔·伯茨 (Clare Potts)

克莱尔·伯茨撰写了一个时尚博客:
Iliketweet.blogspot.com

不论一天中发生什么,我总是在早上7点的时候准备好要发表的博文。通常发表的都是一些我喜欢的东西,有一些是我在网上找的好看的图片,还有来自世界另一端的毕业生作品。发完博客之后,我通过E-mail来回复那些评论。对我来说这很棒,因为我也喜欢去读别人的博客。我把这些上传到Twitter(@lliketweet)是为了确保读者能够看到它们。

我在博客上发表了许多对新锐设计师和创作人员的访谈,这对我而言,无论是在网络上还是在"现实生活"中,发展友好的关系都是非常重要的。我经常每周发布一些活动,它们通常都在零售店或者流行场景中举行,可以为观看产品、与品牌背后的人们聊天营造出完美的环境。在活动中,我会花很多时间来撰写评论、建立联系并拍摄很多照片。如果能约见其他的博主也是很棒的事情。以前与网上某人见面的威胁已经荡然无存,现在在博客上欣然贴满照片的人们会让那些无关的局外人到一边休息。

作为一名博主,你需要始终紧跟下一季的潮流,但同时你还需要保持你个人的风格,这使人们会一直阅读你的博客。我偶尔也想展示一下我的面孔,但是我更愿意展示给读者们一些他们闻所未闻的新锐设计师和摄影师。

通常我是以准备第二天的博客作为一天的结束,无论是要完成整篇博文或者仅仅是找到一些图片。我很享受制作博客的过程,写博客是结束充实而忙碌的一天之后的一种很好的放松方式。

tweet

fashion, photography, art and ellipsis...

Takumi Yanazaki

ebay

email

twitter

bloglovin

jfb

chictopia

Unfathomable Depths

Agnieszka
Little Miss Dress Up
LIVE GLAM OR DIE
LONDON ROSE
Love from Lou Lou
Luxurilog
Mademoiselle Robot
Maggie girl
Manchester Fashion Network
MANIKO
mocha no-whippy
Muriel's Crafts
Nearly Thirty
Nicice Thin
NICE TRY, RADIO
Not Fashionista, Call me Stellara
Not So Prim and Proper
NQQ333
Oh, restore this crack so
Old School Cool
Orchid Grey
Pink Dennnn
POLKA DOT
Pretty Much Penniless
Pretty Portchello
Princess Dominique
PSYNOPSiS
RAGS
Rambliee
Ring My Bell
Rings, have a keeeeee'
Ripppd Nylon
Rosenfeld & Petermbrodki

CHAU NAIR LEE

chictopia

facebook

features

The Cornplicated Disomfire
Ginga Zsquware
State B La Me L'explainer
Watchhouse Blog
Andy Bobbie Merrew
Tension in the Clanaa
Ring My Be'll

about

You are more than welcome to use the images shown on my blog as long as you link back to the original post and credit them.

If you're interested in exchanging links, featuring your brand on my blog or advertising just email me at

I am a   ambassador. Click here for my personal invite.

加纳·考赛巴提 (Jana Kossaibati)

加纳·考赛巴提为具有时尚感的穆斯林女性撰写博客: www.hijabstyle.co.uk

我的博客创建于2007年9月，之所以创建这个博客是因为我发现专门针对穆斯林女性服装的杂志或网站很少。它是从撰写高街产品或者搭配相关博文、在网上找到的伊斯兰教服装公司的链接以及一些随笔文章开始的。我并不真正明白我想使博客看上去像什么，或者我将怎样发展它。但是随着时间的推移，当我逐渐掌握了博客，我就意识到这里的确存在着一种需求——我的博客可以帮助穆斯林女性穿着得体而不失她们的风格。

作为一个医学专业的学生，我每天需要围绕着学校的日程表生活，而且写博客的时间要与此相适应。合理安排非常有必要，因此，我常常要提前准备好博文，而且要安排在早上发布它们。有时候也会很难保持激情、发布新帖，尤其是在考试期间。但是，能够涵盖世界各地伊斯兰教的时尚意味着内容是五花八门的，包括搭配、设计师访谈、街头时尚、新闻、T台时尚报道和读者的贡献等。这就意味着常常会对不断涌现的新题目进行报道。

在考虑博文的内容时，根据所要撰写的内容，我会利用许多资源。如果一篇博文是与T台时尚有关的，我就会利用Style.com。谷歌新闻可以使我不断更新最新样式的希贾布（Hijab，穆斯林妇女戴的面纱或头巾）和伊斯兰教的时尚物品，而且公司会发电子邮件给我，让我了解新系列产品、活动、特别供应等。逐渐地，我的许多时间都用来联络"幕后"工作，而不是直接撰写博文。这些幕后工作包括媒体访谈、投稿、回复大量的电子邮件并为我的博客进行社交网页的维护，也就是Facebook和Twitter。这确实会占用我为博客内容做准备的时间，但是，也确实可以说明希贾布风格的影响力已经远远超越了博客本身的影响力。

尽管我接受的教育是完全不同的领域，但是这样做可以使我不断激励自己保持优势并有条不紊。令我欢喜的一点是，我的兴趣并未受到学术生涯的限制，博客可以缓解学习带来的压力，有助于我遇到各种各样的人们并与他们一起工作。

www.hijabstyle.co.uk

hijabstyle.blogspot.com

马修·派克 (Matthew Pike)

时尚推广专业的学生马修·派克撰写了一个男性时尚博客：Buckets–and–spades. blogspot.com

我开启博客的动力完全是为了创建一个可以存储我的创意和图片的空间，它可以包含我电脑中的一切，另一个很重要的因素是我真的想提升我的写作技巧。三年来，我能坚持写下去与这两个因素息息相关。另外的动力是我拥有非常忠实的读者，而且我感觉好像已经进入了密切结合的群体中，每个人在阅读其他人的博客时都会发出议论。从本质上来看，我已经初步建立了网络在线友谊，而它可以辐射到在线的社交网络，像Facebook和Twitter。我还通过写作使自己忙碌起来，人们似乎很喜欢我所要说的或发布的东西，并且在过去的很多年里有很多不错的机会纷至沓来。

我已经在我的博客中举行了两次比赛，最近的一次不仅为我和一个公司（另一次我正在进行中，而且我会在博客上为这项竞赛进行一次采访）建立了业务联系，而且为我带来了许多追随者以及贸易机会。这两家公司都多次与我接触，而且社交网络起到了巨大的推动作用，尤其是你可以与你喜欢的任何公司直接交谈。

归根结底，我只不过是一个博主，而且由于许多人利用博客并想超越它的功能从中获得尽可能多的东西时，博客内容就成了重大的新闻。当需要发布事件以及需要到处购买车票时，博客的好处便体现出来；但是当人们发表博客希望获得赠品时，我想你就应该谨慎对待了。你真的需要看看自己想超越它得到什么。如果它是一块垫脚石，它可以将你引向更伟大的事物，或者你只不过是想成为下一个Z-lister博主。诚实正直是关键。我喜欢的博客类型是与Style Salvage类似的——由一位男性和一位女性共同撰写的男性时尚博客，但并不十分"时尚"。你将会发现大多数男装博客主要集中于超越时尚的样式：超越于潮流之上的、不受时间限制的品质。我想，这就是为什么男装会具有限定性但同时又令人兴奋的原因。

buckets & spades

the life of a boy who lives by the seaside

home • about • links • twitter • email

6.11.10

Freunde von Freunden's Interviews

buckets & spades

the life of a boy who lives by the seaside

home • about • links • twitter • email

10.11.10

Snow Days

Arnold, Rebecca
American Look: Fashion and the Image of Women in 1930s and 1940s New York
IB Tauris (2008)

Barnard, Malcolm
Fashion as Communication
Routledge (1996)

Baudot, François
Chanel
Editions Assouline (2004)

Baxter-Wright, Emma; Clarkson, Karen; Kennedy, Sarah and Mulvey, Kate
Vintage Fashion
Carlton Books (2010)

Calasibetta, Charlotte Mankey; Tortora, Phyllis G and Abling, Bina
Fairchild Dictionary of Fashion
Fairchild Books (2003)

Carter, Graydon and Foley, Bridget
Tom Ford: Ten Years
Thames & Hudson (2004)

Cotton, Charlotte
Imperfect Beauty: The Making of Contemporary Fashion Photographs
V & A Publications (2000)

Derrick, Robin and Muir, Robin
Unseen Vogue: The Secret History of Fashion Photography
Little, Brown & Company (2004)

Derrick, Robin and Muir, Robin
Vogue Covers: On Fashion's Front Page
Little, Brown (2009)

Diane, Tracey and Cassidy, Tom
Colour Forecasting
John Wiley & Sons (2005)

Dwight, Eleanor
Diana Vreeland
HarperCollins (2002)

Fukai, Akiko; Suoh, Tamami; Iwagami, Miki; Koga, Reiko; and Nie, Rii
Fashion: A History from the 18th to the 20th Century
Taschen (2006)

Jackson, Tim and Shaw, David
The Fashion Handbook
Routledge (2006)

Jaeger, Anne-Celine
Fashion Makers Fashion Shapers
Thames & Hudson (2009)

Jeffrey, Ian
The Photo Book
Phaidon (2005)

Jobling, Paul
Fashion Spreads: Word and Image in Fashion Photography since 1980
Berg (1999)

Jones, Terry
Smile i-D: Fashion and Style: the Best from 20 Years of i-D
Taschen (2001)

Jones, Terry and Rushton, Susie
Fashion Now 2
Taschen (2005)

Keaney, Magdalene
Fashion and Advertising
RotoVision (2007)

Koda, Harold
Extreme Beauty: The Body Transformed
Yale University Press (2001)

Koda, Harold
Model as Muse
Yale University Press (2009)

Lagerfeld, Karl and Harlech, Amanda
Visions and a Decision
Steidl (2007)

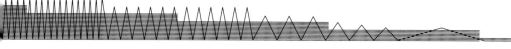

Mackrell, Alice
Art and Fashion
Batsford (2005)

Martin, Penny
When You're a Boy: Men's fashion styled by Simon Foxton
Photographers' Gallery (2009)

Martin, Richard; Mackrell, Alice; Rickey, Melanie and Buttolph, Angela
The Fashion Book
Phaidon (2001)

Maxwell, Kim
Career Diary of a Fashion Stylist: Thirty Days Behind the Scenes With a Professional Garth Gardner Company (2007)

Morgan, Jamie and Lorenz, Mitzi
Buffalo: The Style and Fashion of Ray Petri
powerHouse Books (2000)

Mower, Sarah
Stylist: The Interpreters of Fashion
Rizzoli International Publications (2007)

Müller, Florence
Art & Fashion
Thames & Hudson (2000)

Roberts, Michael
Grace: Thirty Years of Fashion at Vogue
Steidl Verlag (2002)

Scheips, Charles
American Fashion: Council of Fashion Designers of America
Assouline (2007)

Schuman, Scott
The Sartorialist
Penguin (2009)

Shinkle, Eugenie
Fashion as Photograph: Viewing and Reviewing Images of Fashion
IB Tauris (2008)

Squiers, Carol; Aletti, Vincent; Garner, Phillippe and Hartshorn, Willis
Avedon Fashion 1944–2000
Harry N. Abrams (2009)

Tungate, Mark
Fashion Brands: Branding Style from Armani to Zara
Kogan Page (2008)

Walford, Jonathan
Forties Fashion: From Siren Suits to the New Look
Thames & Hudson (2008)

Walker, Tim
Pictures
teNeues (2008)

Watson, Linda
Vogue Fashion
Carlton Books (2008)

Weil, Christa
It's Vintage, Darling! How to be a Clothes Connoisseur
Hodder & Stoughton (2006)

造型师机构

Katie Grand: www.clmuk.com

Simon Foxton: www.clmuk.com

Katy England: www.smiletoo.com

Nicola Forminchetti: www.clmuk.com

合作网站

www.adrianmesko.com

www.alexanderlockett.co.uk

www.antonz.com.au

www.cameronsmithphoto.com

www.christophershannon.co.uk

www.clarebuckley.com

www.elleryland.com

www.ellie-noble.co.uk

www.emmajadeparker.co.uk

www.feaverishphotography.com/
blog/2010/06/akila-berjaoui/

www.hollyblake.net

www.iprlondon.com

www.jamiehawkesworth.com

www.jonasbresnan.com

www.milosmali.com

www.mrjames.co.uk

www.mvetolskiy.blogspot.com

www.richardnicoll.com

www.scotttrindle.com

www.studioboyo.com

www.willdavidson.com

通用网址和博客

www.artsthread.com

www.colinmcdowell.com

www.fashioninfilm.com

www.fashiontoast.com

www.gfw.org.uk

www.lookbook.nu

www.magculture.com/blog

www.models.com

www.rdfranks.co.uk

www.showstudio.com

www.style.com

www.stylebubble.typepad.com

www.thesartorialist.blogspot.com

www.thestylerookie.com

www.theurbangent.com

时尚秀场

www.londonfashionweek.co.uk

www.moda-uk.co.uk

www.modeaparis.com

www.pretparis.com

www.purelondon.com

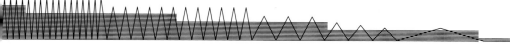

美术馆和博物馆

Fashion and Textiles Museum, UK
www.ftmlondon.org

Fashion Museum, UK
www.museumofcostume.co.uk

Jeu de Paume, Paris
www.jeudepaume.org

Metropolitan Museum of Art, New York
www.metmuseum.org

Musée des Arts décoratif, Paris
www.lesartsdecoratifs.fr

Museum of Modern Art, New York
www.moma.org

The Photographers' Gallery
www.photonet.org.uk

Tate, UK
www.tate.org.uk

Victoria and Albert Museum, UK
www.vam.ac.uk

致谢

特别感谢以下给予支持和慷慨帮助我们的每一个人:

Coco @ http://cocopit.biz/tag/illustrator, Tim Walker, Jacob K, Will Davidson, Christopher Shannon, Patrick Waugh, Richard Nicoll, Louise Goldin, Jonas Unger, Jamie Hawkesworth, Scott Trindle, Marcus Palmqvist, Milos Mali, Anton Zemlyanoy, Adrian Mesko, Jonas Bresnan, Kym Ellery, Debbie Cartwright, Graeme Black, Ezra Patchett, Justine Grist, *The Guardian* magazine, *Russh* magazine, Anthony Campbell, Katie Naunton-Morgan, Holly Blake, Ruzenka @ rp represents, Anna Hustler @ M.A.P London, Marsha Vetolskiy, Akila Berjaoui, Cameron Smith, Dave Schofield, Alexander Lockett, James Naylor, Alex Hurst, Chloe Amer, Emma Jade Parker, Carol Woollam, Jana Kossaibati, Siobhan Lyons, Clare Potts, Matt Pike, Francesca Middleton, Charlotte Lightfoot and our colleagues Professor Lubaina Himid MBE, Melanie Charman, Amanda Odlin-Bates and Steve Terry.

我们也同样感谢英国中央兰开夏大学(UCLAN)的工作人员、学生、毕业生,他们与许多造型师、摄影师、模特和发型师、化妆师一起,在造型方案上不断为我们带来有价值的信息和专业的意见。

特别感谢时尚推广专业的造型设计毕业生安德里亚·比尔林和凯特·吉尼不断协助我们编辑本书。

真诚感谢我们的总编辑雷切尔·奈德伍德(Rachel Netherwood)对本书自始至终的支持和指导。感谢你为设计所起的笔名。

最后,感谢我的家人彼得(Peter)、萨丽·巴克利(Sally Buckley)、萨拉·巴克利(Sarah Buckley)、玛格丽特(Margaret)、丹尼斯·麦克阿瑟(Denis McAssey)、戴米安·多伊尔(Damien Doyle)还有我的朋友们,我们能做到这些和你们不断的鼓励和坚持密不可分。

Picture Credits

Cover Courtesy and copyright of Coco

p 004 (left) photography by Jonas Bresnan; (middle) collage by Patrick Waugh for StudioBOYO, photography by Scott Trindle, styling by Sebastian Clivaz for *Wallpaper** magazine; (right) photography by Akila Berjaoui, styling by Leticia Dare for www.fashiongonerogue.com

p 005 (left) photography by Marcus Palmqvist for Jojo and Malou; (middle) photography by Will Davidson, styling by Clare Richardson for V Man; (right) photography by Milos Mali, styling by Clare Buckley for *Russh* magazine

p 059 photography by Andy Croasdale

p 062 courtesy and copyright of Paramount / The Kobal Collection

p 063 courtesy and copyright of MGM / The Kobal Collection

p 092 (right) layout designed by Melanie Charman

p 100 courtesy and copyright of NBCU Photobank / Rex Features

pp 106~109 courtesy of Emma Jade Parker

pp 110~111 courtesy of Alex Hurst

p 172 courtesy of Esther Coenen

pp 180~181 photography by Will Epps